ÉTUDE SUR LES EAUX MINÉRALES

DE

CHATEAUNEUF

RIOM. — IMPRIMERIE G. LEBOYER, RUE PASCAL.

ÉTUDE

SUR LES EAUX MINÉRALES

DE

CHATEAUNEUF

PAR

Le Docteur BOUDET,

Ancien Externe des Hôpitaux de Paris,
Membre de la Société des sciences médicales de Gannat (Allier),
Membre de la Société médicale de Clermont-Ferrand,
Membre de la Société d'Hydrologie de Paris,

Médecin consultant' à Châteauneuf.

PARIS

Librairie J.-B. BAILLIÈRE et Fils,

19, rue Hautefeuille.

—

1877

AVANT-PROPOS

§ I.

Après avoir présenté, l'année dernière, à la Société
d'hydrologie médicale de Paris, de nombreuses observations cliniques sur Châteauneuf, je veux essayer
aujourd'hui de continuer cette étude par quelques nouveaux détails sur cette intéressante station.

Bien intéressante à coup sûr; car, si l'on consulte
les divers ouvrages écrits sur les eaux minérales, il est
facile de se convaincre qu'elle a toujours été placée
en première ligne pour ses vertus thérapeutiques. J'ai
entendu plusieurs fois M. Gubler, l'éminent professeur
d'hydrologie, regretter que des Thermes si dignes de
fixer l'attention du corps médical n'aient pas déjà reconquis leur vieille réputation. Châteauneuf, en effet,
n'est pas une station nouvelle. C'est une des plus an-
ciennes de l'Auvergne et du centre de la France. Elle
était autrefois très-florissante, alors que d'autres hydropoles, aujourd'hui très en vogue, étaient à peine con-
nues. Malheureusement l'installation resta presque

toujours primitive, insuffisante. On ne sut pas marcher avec le progrès et sacrifier aux besoins de l'époque ; médecins et baigneurs se fatiguèrent de ce perpétuel *statu quo,* et Châteauneuf perdit peu à peu sinon son ancienne renommée, du moins une bonne partie de sa clientèle.

Telle était la situation, lorsque, il y a cinq ans, je fus frappé de quelques guérisons inattendues chez des malades qui avaient suivi sans succès plusieurs stations thermales. Je voulus voir une station qui donnait de si beaux résultats. Comme tous ceux qui l'ont visitée, je fus surpris de la quantité vraiment prodigieuse de sources qu'on y rencontre, et des nuances variées qu'elles présentent, tant au point de vue de la composition que de la thermalité. Ajoutez à cela un paysage splendide, et je compris tout de suite les regrets unanimes de tous les auteurs qui ont parlé de Châteauneuf.

Les abords étaient encore bien difficiles, l'installation des plus modestes, la clientèle bien restreinte ; néanmoins je résolus d'y séjourner pendant la saison thermale comme médecin consultant, afin d'étudier cliniquement et par moi-même des eaux minérales si riches en ressources thérapeutiques.

Le scepticisme à l'endroit des eaux minérales a d'ailleurs fait son temps et n'existe plus que dans l'esprit de quelques obstinés, ou mieux, de quelques ignorants. — Les eaux minérales sont de véritables médicaments et constituent une précieuse ressource dans le traitement des maladies chroniques. Celles de Châteauneuf, par leur nombre, leurs variétés, leur situation au milieu d'une pittoresque vallée traversée par une belle rivière, peuvent compter parmi les plus remarquables (1). Leur réputation est faite depuis longtemps ; et quiconque entreprendra hardiment de mettre leur installation en rapport avec leur importance thérapeutique peut espérer un bien légitime succès.

Aujourd'hui d'ailleurs tout a commencé à changer un peu d'aspect à Châteauneuf. Les abords étaient autrefois à peu près impraticables, et maintenant une magnifique route départementale permet d'arriver en voiture jusqu'à la porte des établissements. Un pont a été jeté sur la rivière qui traverse la station. — Plus loin, une élégante passerelle fait communiquer les deux rives à proximité de sources importantes. De nouveaux hôtels ont été construits, des captages ont été entrepris avec succès. Enfin, il y a tout lieu de croire que Châteauneuf va pouvoir reprendre le rang qui lui est dû.

(1) Les sources minérales et thermales de Châteauneuf, par leur nombre, leur position, leurs propriétés physiques et chimiques, et enfin par les services qu'elles rendent à la thérapeutique, viennent, nous ne craignons pas de le dire, se placer au premier rang des eaux minérales dont la partie centrale de la France est déjà si riche. Toutes nos analyses démontrent à cet égard qu'elles sont dignes d'attirer l'attention des médecins. (J. Lefort, *Etudes physiques et chimiques des eaux minérales et thermales de Châteauneuf*, 1855.)

§ II.

Depuis M. Salneuve, inspecteur en 1849, c'est-à-dire depuis près de trente ans, il n'a rien été écrit sur Châteauneuf au point de vue médical; mais, au point de vue chimique, il existe une excellente notice faite par M. Jules Lefort, qui a d'ailleurs analysé la plupart des eaux minérales d'Auvergne. C'est à cette étude que nous ferons de fréquents emprunts toutes les fois que nous aurons à décrire les différentes sources et à donner leurs compositions.

Qnant à la partie médicale de ce travail, elle est le résultat de quatre années de pratique et d'expérience clinique à Châteauneuf. Nous ne nous sommes pas arrêté à décrire à la suite les unes des autres toutes les affections qui peuvent être guéries ou améliorées à Châteauneuf; nous avons tâché surtout d'insister sur les effets généraux, pour en déduire les applications spéciales à tel ou tel mode pathologique, et principalement à telle ou telle catégorie de malades.

La *médecine thermale* est en quelque sorte, à notre avis, une *médication d'ensemble ;* et ce n'est la plupart du temps qu'en modifiant l'organisme en général qu'on obtient la guérison de telle ou telle maladie en particulier.

Cette étude sera donc divisée en deux parties : la première, consacrée à la description locale du pays et des diverses sources minérales, suivie de quelques considérations sur les propriétés physiologiques; la deuxième, à l'exposé des propriétés thérapeutiques avec des observations à l'appui.

PREMIÈRE PARTIE

PARTIE DESCRIPTIVE

CHAPITRE Ier.

Description générale de Châteauneuf.

Je ne saurais mieux faire, en commençant la description de Châteauneuf, que d'emprunter les lignes suivantes à l'ouvrage de MM. Allard et Boucomont sur les eaux minérales d'Auvergne :

« Au sommet d'une dernière côte, la vallée de Châ-
» teauneuf se montre tout à coup dans toute sa splen-
» deur : on dirait d'un songe de l'Eden. L'aridité des
» montagnes a fait place à de beaux bois à teinte fon-
» cée qui couvrent les hauteurs et descendent jus-
» qu'aux vertes prairies de la vallée, au fond de la-
» quelle les eaux transparentes de la Sioule décrivent
» de gracieux méandres..... Les beautés pittoresques
» de l'Auvergne sont ordinairement empreintes d'une
» majesté un peu sévère : rien n'est beau, mais triste
» aussi comme le Mont-Dore, Saint-Nectaire, etc.....
» Rien au contraire n'est plus riant que Châteauneuf.

» — Quand nous visitâmes cette station avec M. Jules
» François, nous terminions par elle une tournée près
» de tous les autres établissements du Puy-de-Dôme.—
» . Nous demeurâmes charmés par ce ravissant paysage,
» ainsi jeté à l'extrémité de l'Auvergne, qui semble
» vouloir se parer de ses plus brillants attraits, pour
» laisser dans l'âme du voyageur qui va la quitter un
» souvenir ineffaçable.

» Châteauneuf n'est pas seulement la plus pitto-
» resque des stations thermales de l'Auvergne, elle
» est encore une des plus riches en sources miné-
» rales. »

Châteauneuf, d'une altitude de 382 mètres au-dessus
du niveau de la mer, est situé à 30 kilomètres de Riom,
dans la partie N.-O du département du Puy-de-Dôme,
presque à l'extrémité de la chaîne de montagnes qui,
descendant vers le Midi, forme le puy de Dôme et le
mont Dore.

C'est une vallée profonde traversée dans toute sa
longueur par une large rivière, espèce de torrent tantôt encaissé entre des rochers inaccessibles, tantôt
s'élargissant vers des plages verdoyantes, tantôt enfin
formant de gracieux détours qui viennent ajouter à la
singularité du site. — Un de ces détours forme même,
à proximité d'un des grands établissements, une véritable presqu'île « d'où le spectateur jouit, dit M. Sal-

» neuve (1), d'un des points de vue les plus extraor-
» dinaires, en ce qu'il croit voir à droite et à gauche
» deux rivières coulant en sens contraire, quoique sur
» un même plan. »

Les rives sont formées de terrains différents. A gauche, ce sont des granits ; à droite, des blocs de porphyre, dont plusieurs s'élèvent verticalement à une
hauteur considérable, et sont couronnés de roches aux
formes les plus bizarres. Sur ces plages s'étalent de
magnifiques prairies où la végétation est comparable
à celle des plaines les plus fertiles de la Limagne. Le
maronnier, le chêne, le noyer, l'ormeau, produisent
par places les plus délicieux ombrages. Plus haut, sur
le penchant des collines, croissent plusieurs plantes
médicinales, entre autres la jusquiame, le bouillon-
blanc, la bourrache, le fumeterre et la digitale, cette
amie des pays montagneux.

Le long de ce vallon se trouvent espacés différents
hameaux dont l'ensemble forme la commune de Châteauneuf.

D'abord, en descendant la rivière, sur la rive droite,
le village de Chambon, où se trouvent plusieurs sources
ferrugineuses dont nous parlerons dans un instant.
— Plus loin, mais sur la rive gauche, le hameau des
Bordats, avec ses Établissements de la Rotonde et du

____

(1) *Essai sur les eaux minérales de Châteauneuf*, 1850.

Petit-Rocher. — Plus loin encore, sur la même rive, mais à une distance de 8 à 900 mètres, le hameau des Méritis, avec ses grands bains chauds et sa pittoresque presqu'île de Saint-Cyr.

Cette presqu'île, à l'entrée de laquelle se trouvent plusieurs maisons enfouies dans les arbres, présente à son sommet les vestiges d'une vieille église que les archéologues font remonter au Xe siècle. Un arceau et quelques décorations sculpturales sont encore debout, mais le reste n'est plus qu'un amas de décombres sans intérêt. Sur le flanc de la montagne, on découvre, à différentes hauteurs, l'entrée de deux souterrains qui, sans doute, communiquaient avec les constructions du sommet. Le supérieur correspondait peut-être à une excavation qui se trouve non loin des décombres et que la tradition populaire a appelé le *Trou des Gaulois* (1). Enfin, sur la rive droite, à l'ouest de la presqu'île, on aperçoit le village des Gots, dont un assez grand nombre de maisons paraissent avoir été construites avec des pierres de sédiment de sources minérales.—Au pied s'étend une vaste plaine renfermant plusieurs sources non captées et encombrées de détritus de toute nature. Il y avait là d'ailleurs des constructions importantes qui formaient sans doute comme une cité considérable. Les vestiges d'un pont faisant communiquer la rive

(1) La tradition populaire raconte qu'un certain nombre de soldats de César y furent massacrés un à un par une poignée de Gaulois placés en embuscade.

droite et la rive gauche témoignent encore de l'importance que devait avoir cette partie de Châteauneuf.

Les habitants sont en général de haute taille et bien
constitués. Ils se livrent, les uns au blanchîment des
toiles, les autres à l'agriculture; quelques-uns à la
pêche, la rivière fournissant entr'autres poissons de la
truite en abondance.

CHAPITRE II.

Coup-d'œil d'ensemble sur la nature des Eaux minérales.

Leur analyse chimique. — La quantité de lithine qu'elles renferment
comparativement aux autres sources minerales de l'Auvergne. —
Tableaux analytiques de M. Lefort.

Toutes les sources minérales sont disséminées dans
le parcours de la vallée, soit à gauche, soit à droite de
la grande route qui côtoie la rivière; les unes servant
de buvettes, les autres alimentant divers établissements balnéaires.

Elles appartiennent à la classe des *bicarbonatées
mixtes, acidules, ferrugineuses, lithinées* et présentent
les nuances les plus diverses dans leur composition et
leur thermalité.

Elles ont été analysées primitivement par M. Bertrand père, plus tard par MM. Lecoq, professeur d'histoire naturelle à Clermont-Ferrand ; Salneuve, ancien inspecteur ; Nivet, qui publia, en 1845, un remarquable travail sur l'hydrologie du Puy-de-Dôme ; en dernier lieu, par M. Lefort, dont nous donnerons ici les analyses comme les plus récentes. Enfin, il y a environ deux ans, MM. Truchot et Fredet, recherchant la *lithine* dans les eaux minérales d'Auvergne, ont trouvé cette substance, dans les eaux de Châteauneuf, à la dose de 35 milligrammes par litre. — Aucune source, en Europe, ne présente une richesse supérieure en lithine, pas même la célèbre *Murquelle* de Baden-Baden, qui n'en possède que 30 milligrammes.

Voici le tableau qu'ils donnent relativement à la dose de la lithine dans les diverses sources d'Auvergne (1) :

Noms des Eaux.	Chlorure de lithium par litre.
Mont-Dore.	8 milligr.
Royat (Source César)	8 —
Royat (Source Romaine ou Pré St-Mart).	9 —
Clermont { Source des Salins.	14 —
Source de Jaude	15 —
Puits Loiselot.	18 —
Puits artésien Boyer	20 —

(1) *De la lithine dans les eaux minérales de Royat et dans les principales sources d'Auvergne* (Truchot et Fredet, 1875).

La Bourboule . . . .   18 milligr.
Saint-Nectaire. . . . .   22 —
Châtelguyon. . . . .   28 —
Médague (Eau de l'Ours). . . . .   30 —
Saint-Allyre. . . . .   31 —
Les Roches . . . .   33 —
Royat (Grande-Source). . . . .   35 —
Châteauneuf. . . . .   35 —

Voici, d'autre part, le tableau dressé par M. Lefort en 1855, et que nous donnons ici tel qu'il se trouve dans ses *Etudes physiques et chimiques sur Châteauneuf*. — Comme on le voit, la lithine avait été déjà indiquée dans les eaux minérales de Châteauneuf par l'éminent chimiste.

TABLEAU SYNOPTIQUE

DE LA DENSITÉ, DE LA TEMPÉRATURE ET DES SUBSTANCES CONTENUES DANS UN LITRE D'EAU

DES DIFFÉRENTES SOURCES MINÉRALES ET THERMALES DE CHATEAUNEUF

(LEFORT 1855).

NOMS DES SOURCES	Fontaine DÉSAIX	Fontaine de la PYRAMIDE	Buvette du Grand bain CHAUD	GRAND BAIN CHAUD	Bain AUGUSTE	Bain JULIE
Densité	1,0017	1,0029	1,0018	1,0018	1,0027	1,0027
Température. . .	16° 5	25° c.	33° 5c.	38° c.	29° c.	32° c.
Azote.	5cc 3	7cc	6cc	5cc 8	4cc 2	4cc 1
Oxigène.	1cc	0cc 3	1cc	1cc 3	1cc 4	0cc »
Chlore	0,244	0,274	0,221	0,223	0,265	0,241
Acide carbonique.	3,509	3,189	2,198	2,666	2,549	3,574
» Sulfurique.	0,141	0,272	0,275	0,267	0,241	0,249
» Sulfhydriq.	»	indices	indices	»	»	»
» Crénique. .	traces	traces	traces	traces	traces	traces
Potasse.	0,268	0,377	0,321	0,279	0,259	0,299
Soude.	0,879	1,021	0,892	0,900	0,971	0,920
Chaux	0,200	0,249	0,148	0,122	0,174	0,152
Magnésie	0,038	0,075	0,068	0,065	0,066	0,061
Alumine	traces	traces	traces	traces	traces	traces
Silice.	0,103	0,109	0,115	0,101	0,122	0,126
Lithine.	traces	traces	traces	traces	traces	traces
Protoxyde de fer.	0,008	0,019	0,001	0,027	0,014	0,016
Arsenic.	indices	indices	indices	indices	indices	indices
Matière organique.	traces	traces	traces	traces	traces	traces
Totaux. . .	5,390	5,588	4,236	4,660	4,661	5,638

NOMS DES SOURCES	Bain TEMPÉRÉ	Fontaine du petit MOULIN	Fontaine du PAVILLON ou de Champfleuret	Bain du petit ROCHER	Fontaine du petit ROCHER	Fontaine Chevarier.	Bain de la ROTONDE	Fontaine de CHAMBON LACROIX
Densité	1,0020	1,0016	1,0035	1,0016	1,0016	1,0014	1,0016	1,0015
Température	36° c.	15° 75 c	16° c.	30° c.	21° 5c.	30° c.	38° c.	18° c
Azote	2cc 9	3cc 5	2cc 3	3cc 5	4cc 1	4cc 9	4cc 3	9cc 4
Oxigène	0cc 6	0cc 5	0cc 5	0cc 2	0cc 8	0cc 4	1cc 2	2cc 7
Chlore	0,267	0,180	0,223	0,205	0,154	0,101	0,222	0,103
Acide carbonique	2,746	2,794	4,327	2,350	3,030	2,399	3,033	3,007
Sulfurique	0,265	0,132	0,220	0,179	0,153	0,105	0,167	0,071
Sulfhydriq.	»	»	»	indices	»	indices	»	»
Crénique	traces	traces	traces	traces	traces	traces	traces	traces
Potasse	0,285	0,271	0,461	0,222	0,296	0,220	0,343	0,196
Soude	0,922	0,633	0,995	0,704	0,465	0,471	0,782	0,566
Chaux	0,156	0,184	0,292	0,158	0,212	0,008	0,101	0,274
Magnésie	0,067	0,079	0,139	0,055	0,040	0,032	0,046	0,113
Alumine	traces	traces	traces	traces	traces	traces	traces	traces
Silice	0,121	0,085	0,092	0,095	0,106	0,078	0,095	0,010
Lithine	traces	traces	traces	traces	traces	traces	traces	traces
Protoxyde de fer	0,012	0,027	0,072	0,010	0,018	0,045	0,012	0,022
Arsenic	indices	indices	indices	indices	indices	indices	indices	indices
Matière organique	traces	traces	traces	traces	traces	traces	traces	traces
Totaux	4,841	4,385	6,821	3,974	3,539	3,539	4,801	4,452

TABLEAU SYNOPTIQUE

DES DIVERSES COMBINAISONS SALINES ANHYDRES

ATTRIBUÉES HYPPOTHÉTIQUEMENT A 1 LITRE DE CHACUNE DES EAUX MINÉRALES ET THERMALES DE CHATEAUNEUF

(Lefort 1855).

NOMS DES SOURCES.	Fontaine DÉSAIX	Fontaine de la Pyramide	Buvette du Grand bain CHAUD	Grand BAIN CHAUD	Bain AUGUSTE	Bain JULIEN	Bain TEMPÉRÉ	Fontaine du petit MOULIN	Fontaine du Pavillon ou de Champfleuret	Bain du petit ROCHER	Fontaine du petit ROCHER	Fontaine de Chevarier	Bain de la ROTONDE	Fontaine de CHAMBON LACROIX
Acide carbonique libre.	Gramm. 1,835	1,321	0,652	1,195	1,019	1,41	1,318	1,467	1,986	1,155	2,024	1,512	1,730	1,381
Acide sulfhydrique libre. . . .	»	traces	traces	»	»	»	»	»	»	traces	»	traces	»	»
Bi-carbonate de soude..	1,612	1,580	1,279	1,296	1,454	[illegible]	1,288	0,984	1,620	0,915	0,528	0,772	1,209	0.757
— de potasse.	0,519	0,730	0,621	0,540	0,498	[illegible]	0,551	0,525	1,089	0,430	0,530	0,426	0,654	0,379
— de chaux	0,516	0,642	0,380	0,314	0,448	[illegible]	0,401	0,475	0,750	0,408	0,545	0,228	0,257	0,706
— de magnésie. . . .	0,121	0,237	0,213	0,204	0,209	[illegible]	0,212	0,248	0,435	0,175	0,126	0,104	0,145	0,356
— de protoxyde de fer.	0,018	0,042	0,022	0,034	0,032	[illegible]	0,027	0,062	0,016	0,022	0,042	0,010	0,028	0,080
Sulfate de soude.	0,250	0,485	0,483	0,470	0,428	[illegible]	0,470	0,234	0,391	0,428	0,271	0,186	0,296	0,126
Chlorure de sodium..	0,413	0,433	0,374	0,395	0,449	[illegible]	0,451	0,804	0,377	0,340	0,283	0,173	0,375	0,175
Arséniate de soude.	traces	traces	traces	traces	traces	traces	traces	traces	traces	traces	traces	traces	traces	traces
Crénate de fer.	indices	indices	indices	indices	indices	indices	indices	indices	indices	indices	indices	indices	indices	indices
Silice.	0,109	0,109	0,115	0,101	0,122	[illegible]	0,121	0,083	0,092	0,100	0,100	0,078	0,095	0,010
Alumine..	traces	traces	traces	traces	traces	traces	traces	traces	traces	traces	traces	traces	traces	traces
Lithine.	traces	traces	traces	traces	traces	traces	traces	traces	traces	traces	traces	traces	traces	traces
Matière organique..	indices	indices	indices	indices	indices	indices	indices	indices	indices	indices	indices	indices	indices	indices
Poids des combinaisons salines anhydres. Les sels étant à l'état de bi-carbonates.	5,387	5,579	4,239	4,549	4,659	4,8[illegible]	4,839	4,384	6,756	4,458	4,458	3,487	4,799	4,440
Poids des combinaisons salines anhydres trouvées par l'expérience. Les sels étant à l'état de carbonates neutres.	2,848	3,216	3,071	3,082	3,154	2,9[illegible]	3,080	2,288	3,480	2,340	2,340	2,340	2,300	2,008

Nota. — La dose de la lithine n'est pas indiquée dans ce tableau; M. Truchot, professeur à la Faculté des sciences de Clermont--Ferraud, à l'aide de l'analyse spectrale, a découvert la lithine à la dose de 0,035 milligrammes par litre dans les Eaux Minérales de Châteauneuf (1875).

Si maintenant nous jetons un coup d'œil d'ensemble sur la composition des eaux de Châteauneuf, nous voyons qu'elles sont très-notablement minéralisées puisqu'elles contiennent de 4 gr. environ à 6 gr. d'agrégat minéral par litre. En outre, l'heureuse alliance de l'*acide carbonique* et du *fer* unis aux *sels neutres* qui entrent dans leur composition, et qu'on retrouve pour la plupart dans le serum sanguin, leur donne une valeur thérapeutique indiscustable.

C'est de cette variété d'eaux minérales que M. Gubler a pu dire que c'étaient de *véritables lymphes miné-rales*. — Cette remarquable disposition les rend de la sorte éminemment *toniques, reconstituantes,* et en fait une ressource précieuse dans toutes les affections où le sang est appauvri, la constitution débilitée.

A un point de vue plus spécial : leur acide carbonique en excès les recommande dans un certain nombre de maladies des voies digestives; leur caractère ferrugineux dans toutes les chloro-anémies, et enfin leur proportion si considérable de *lithine* unie à d'autres composés alcalins viendrait expliquer leurs succès dans le rhumatisme, la goutte et autres manifestations de l'arthritis.

Quelques praticiens seront sans doute étonnés de nous entendre ici parler de la goutte comme tributaire des eaux de Châteauneuf. J'espère démontrer pourtant dans la partie thérapeutique que rien n'est plus certain, et je dirai même plus logique eu égard à la composition de nos eaux minérales. — Il ne faut pas seulement que des alcalins et des sels sodiques pour triompher chimiquement de la goutte, il faut aussi, pour arriver à ce résultat, remonter la constitution, la tonifier. Il y a en effet telles gouttes atoniques viscérales qui certainement se trouveront beaucoup mieux de nos bicarbonatées faibles mais ferrugineuses que d'autres eaux bien plus sodiques mais moins reconstituantes.

Je tâcherai, d'ailleurs, de traiter cette question plus au long et telle que je la comprends.

CHAPITRE III.

Leur classification au point de vue des nuances variées de leur composition.

Il serait difficile de faire une classification bien nette des nuances variées que présentent les eaux de Châteauneuf. — Toutes appartiennent à la même famille, néanmoins plusieurs offrent des traits saillants et importants à noter.

Quelques-unes sont plus spécialement ferrugineuses d'autres plus acidules, d'autres encore plus particulièrement alcalines. Suivant M. Lefort, le fer s'y trouve à l'état de bicarbonate de protoxide de fer et voici les doses qu'il indique : *source du Petit-Moulin,* 62 milligrammes; *source Morny,* 55 millig.; *source*

Chambon, 50 millig.; ***Petit Rocher, source de la Pyramide,*** 42 millig. — Ce sont là véritablement des doses très-notables de fer, et qui rapprochent Châteauneuf des eaux martiales les plus en vogue — *Spa* n'en contient que 60 millig.

Toutes ces sources sont riches en même temps en acide carbonique; condition importante, car le fer est d'autant mieux toléré et absorbé par l'estomac que l'eau est plus gazeuze, aussi sont-elles très-digestives et recommandées comme eaux de table avec succès.

A la suite de celles-ci viennent d'autres sources importantes qui, tout en présentant des traces moins sensibles de fer, sont remarquables par leur énorme qnantité d'acide carbonique libre : sources *Désaix, Salneuve, Pavillon.* Cette dernière, la plus riche de toutes en principes minéraux (Lefort), nous offre une proportion notable de carbonate de magnésie ($0^g,345$) qui peut rendre de véritables services. C'est exactement la même dose que Châtelguyon.

Enfin, il faut mentionner la source Chevarier qui paraît contenir des traces très-sensibles d'hydrogène sulfuré.

Voici maintenant quelques détails très-sommaires sur chacune de ces buvettes. Nous décrirons ensuite les divers établissements balnéaires.

Pour plus de détails, le lecteur pourra consulter l'ouvrage de M. Lefort intitulé : *Etudes physiques et chimiques des eaux minérales et thermales* de Châteauneuf, 1855.

CHAPITRE IV.

Détails sommaires sur chacune des sources employées en boisson. — Buvettes.

SOURCE MORNY.

Température : 17°5.

	l.	gr.
Acide carbonique libre. . .	2 ou	2,351
Bicarbonate de soude.		0,968
— de potasse		0,135
— de lithine. Indices très-sensibles.		
— de chaux.		1,015
— de magnésie		0,390
— de protoxyde de fer. .		0,055
Chlorure de sodium.		0,169
Sulfate de soude		0,163
Silice.		0,120
Iodure de sodium.		indices
Arséniate de soude		traces
		5,366

Nous donnons ici cette analyse parce qu'elle ne se trouve pas mentionnée dans les tableaux analytiques. (Analyse de M. Lefort, février 1876.)

Cette source est la première qu'on rencontre en descendant le cours de la Sioule. Autrefois peu abondante, son volume s'est accru considérablement depuis quelques années, grâce à des sondages intelligents. Aujourd'hui, c'est une magnifique source qui peut donner 1,200 litres à l'heure.

SOURCE CHAMBON.

Située à trente ou quarante mètres au-dessous de la précédente, et enfermée dans un pavillon circulaire, son débit n'est guère que de 160 litres à l'heure. Il est vrai qu'on n'a fait aucune recherche pour augmenter son volume. Cependant, l'eau minérale abonde dans cette région, et tout à côté, au rez-de-chaussée d'un vaste bâtiment récemment restauré, existaient autrefois des réservoirs ou piscines alimentés par des sources abondantes. Ces réservoirs ont été à peu près comblés par les dépôts ferrugineux des eaux minérales.

Toute cette partie de la rive droite de la Sioule présente d'ailleurs des sources en grand nombre, et tout porte à croire que des recherches intelligentes donneraient un volume d'eau minérale considérable; il y a même un point où la neige ne séjourne jamais en hiver et qui donne des émanations chaudes, indices d'une source thermale peut-être importante.

Quoiqu'il en soit, comme le dit très-bien M. Lefort, il serait possible d'utiliser les sources froides comme hydrothérapie minérale à l'instar de plusieurs établissements d'Allemagne. Ce serait comme le corollaire, le complément de la médication fortifiante obtenue par

les bains frais du Petit-Rocher dans toutes les chloro-
anémies et dans un certain nombre de maladies de
l'estomac. — Et puisque j'en suis venu incidemment à
parler de l'Allemagne, n'avons-nous pas en France,
dans nos admirables stations d'Auvergne, tout ce qu'il
faut pour suppléer aux orgueilleuses hydropoles d'ou-
tre-Rhin : Ems, Carlsbad, Soden, etc.

Les sources Morny et Chambon, en dehors de la
cure locale, sont exportées comme eaux de table et
très-estimées.

SOURCE DU PETIT-ROCHER.

Située au village des Bordats, cette source est une
des plus importantes de Châteauneuf en ce qu'elle est
très-gazeuse. Elle est enfermée dans un bâtiment carré
qui sert à l'exploitation et à la mise en bouteilles.
Son débit n'est pas très-considérable, mais il serait
possible d'en augmenter le volume par quelques travaux
d'aménagement et de nouvelles recherches. Ses qualités
remarquables, comme eau digestive, font qu'elle est
très-fréquentée par les malades. Le propriétaire en
exporte tous les ans une assez grande quantité comme
eau de table.

SOURCE CHEVARIER.

Située à vingt pas de la précédente, cette source
tire son nom de l'ancien possesseur de Châteauneuf,
M. Chevarier, qui y fit construire une baignoire exprès

pour lui et dont on voit encore les traces. La chronique raconte que M. Chevarier, après avoir parcouru un grand nombre de stations thermales sans obtenir la guérison qu'il attendait, eut un jour cette idée si difficile à trouver de se servir tout simplement de l'eau minérale qu'il avait chez lui, et il fut guéri.

Cette eau contient une petite quantité de gaz sulfhydrique. Une pièce de monnaie de cuivre ou d'argent, mouillée dans la source, ne tarde pas à prendre une couleur brune qui annonce la formation d'un sulfure métallique.

SOURCE SALNEUVE.

Température : 16°.

Acide carbonique libre	1,979
Bicarbonate de soude.	1,383
— de potasse	0,412
— de chaux.	0,738
— de magnésie	0,454
— de protoxyde de fer. .	0,027
Sulfate de soude.	0,371
Chlorure de sodium.	0,362
Arséniate de soude	traces
Crénate de fer.	indices
Lithine	traces
Silice	0,110
Alumine.	traces
Matières organiques.	traces
	5,836

The value column is headed **gr.**

Si l'on quitte le village des Bordats, qu'on suive la grande route qui mène aux Grands-Bains, on rencontre deux autres sources ; la première, source Salneuve, est située à quelques mètres de la route, en contre-bas du talus. Nous donnons ici son analyse parce qu'elle ne se trouve pas dans les tableaux analytiques et qu'elle n'a été analysée par M. Lefort que longtemps après les autres (avril 1861).

SOURCE DU PAVILLON.

Située à quelques pas de la précédente, cette source peut être considérée comme l'une des plus intéressantes de Châteauneuf ; c'est d'ailleurs la plus minéralisée de toutes, et la présence de la magnésie à la dose de $0^g,435$ la rend précieuse comme laxative dans certaines affections des intestins. Cette dose de magnésie est à peu près celle que donnent les analyses des eaux minérales de Châtelguyon. Exposée à l'air en couches minces, elle ne tarde pas à se troubler et à laisser déposer une certaine quantité de carbonate de magnésie. Aussi les buveurs ne sont-ils pas peu étonnés de voir leurs verres, lorsqu'ils sont secs, se tapisser d'une couche blanchâtre d'autant plus persistante que leur surface est moins polie.

Elle ne donne qu'un très-mince filet d'eau, mais elle pourrait être très-abondante si elle était mieux captée, et elle mérite de l'être.

SOURCE DU PETIT-MOULIN.

Cette source se trouve tout-à-fait sur les bords de la rivière, en face de la plage du village des Gots ; presque vis-à-vis on aperçoit sur les bords, mais dans le lit de la rivière, plusieurs énormes bouillons d'eau minérale dont elle n'est peut-être qu'un des filets. Elle est assez abondante, et c'est la plus ferrugineuse de Châteauneuf. Elle était autrefois très-employée ; malheureusement, elle est d'un accès très-difficile pour les malades. Elle se rapproche, dit M. Lefort, d'une manière très-sensible de l'eau du Petit-Rocher.

SOURCE DE LA PYRAMIDE.

Cette source est située à cent mètres environ de l'établissement des Grands-Bains, à trois ou quatre mètres de la rivière, sur la rive gauche ; elle tire son nom d'une pierre en forme de pyramide qui la surmontait autrefois, mais qui aujourd'hui a disparu. Elle se rapproche sensiblement, suivant M. Lefort, de la fontaine Chevarier par sa composition, et contient comme celle-ci des traces bien sensibles d'acide sulfhydrique.

SOURCE DÉSAIX.

Enfin, en continuant à descendre la Sioule, toujours sur la rive gauche, à peu près à un kilomètre des Grands-Bains, on rencontre la source Désaix, ainsi nommée sans doute parce qu'elle se trouve sur la route du hameau d'Ayat, où est né Désaix. C'est une des plus gazeuses de Châteauneuf; sa saveur piquante et très-agréable fait qu'elle est très-goûtée des baigneurs comme eau de table; par son excès de gaz acide carbonique, elle se rapproche beaucoup de l'eau de Saint-Alban ou de Seltz légère. Des recherches nouvelles permettent d'espérer qu'on pourra augmenter son débit, malheureusement trop peu considérable.

FONTAINE DU GRAND-BAIN CHAUD.

A l'établissement même du Grand-Bain est adossée une fontaine ou buvette du Grand-Bain chaud. Une très-petite distance la sépare du Bain Auguste et du Grand-Bain chaud, et tout porte à croire qu'elle appartient à la même nappe d'eau. Mais l'hydrogène sulfuré qu'elle contient en plus (Lefort) annonce qu'elle prend pour arriver sur le sol une direction différente.

Enfin, à quelque distance de la source de la Pyramide, on rencontre au milieu d'un champ cultivé une source d'un goût fort agréable, assez riche en acide carbonique, mais dont l'analyse n'a pas été encore faite; on l'appelle la source du Pré, et elle est assez fréquentée par les baigneurs.

CHAPITRE V.

Description des Etablissements balnéaires.

GROUPE DES MÉRITIS. — Sources non employées.
GROUPE DES BORDATS. — La nouvelle source du Petit-Rocher.

Nous allons maintenant décrire rapidement les établissements balnéaires, qui forment deux groupes bien distincts et séparés l'un de l'autre de 8 à 900 mètres : le premier situé au village des Méritis, le deuxième au village des Bordats.

Les différentes sources qui les alimentent sont très-nombreuses, et toutes déposent sur les parois des piscines ou sur le sol une matière rouge ocracée formée en partie d'oxyde de fer et de sulfate de chaux. A leur point d'émergence, elles sont claires, transparentes, mais au bout de quelques instants elles louchissent sensiblement et paraissent troublées. Toutes renferment une matière organique qui les rend onctueuses, douces au toucher, mais qui paraît être la cause principale de leur décomposition. Si on essaie de les conserver dans des vases clos, elles gardent pendant longtemps une faible odeur d'hydrogène sulfuré.

§ 1.

GROUPE DES MÉRITIS.

—

Établissements des Grands-Bains.

C'est ainsi qu'on désigne tout l'ensemble des piscines installées aux Méritis.

C'est la partie la plus ancienne de Châteauneuf. Les Romains, ces grands chercheurs des sources thermales, paraissent y avoir fait construire un vaste établissement dont on a retrouvé les vestiges. On a même découvert des médailles et des pièces de monnaie romaines d'origine parfaitement authentique.

Les Grands-Bains comprennent :

Les Bains chauds,
Les Bains Auguste,
Les Bains tempérés
Et le Bain Julie.

BAINS CHAUDS.

Cet établissement se compose de deux belles piscines séparées par un mur en maçonnerie, affectées l'une aux dames, l'autre aux hommes, et pouvant contenir chacune environ vingt à vingt-deux personnes. Le renouvellement de l'eau minérale s'y fait assez facilement, les griffons donnant 230,000 litres par vingt-quatre heures, 160 litres à la minute (Lefort).

Il serait possible, je crois, d'augmenter encore ce volume par une captation plus sérieuse ; d'ailleurs on pourrait utiliser deux autres sources distantes à peine de quelques mètres et qu'on n'a jamais employées. Ce serait d'autant plus facile qu'aujourd'hui on construit une immense digue qui viendra les garantir complètement des invasions de la rivière. Ce voisinage d'ailleurs n'a pas tous les inconvénients qu'on pourrait croire ; il a au contraire cet avantage de faire subir aux sources riveraines des effets de pression hydrostatique dont on peut tirer un merveilleux parti, suivant un illustre ingénieur, M. Jules Lefrançois. Voici ce que disent à cet égard les auteurs du *Dictionnaire général des eaux minérales :*
« Il est certain qu'une source bien captée, aménagée
» de manière à n'être pas noyée après les pluies ou
» après la fonte des neiges, présente, à l'époque des
» grandes eaux, un débit plus considérable, la tempé-
» rature et l'agrégat minéral restant les mêmes ou se
» montrant supérieurs. »

BAIN AUGUSTE.

Tout à côté du Bain chaud et de la buvette se trouve une petite piscine appelée le Bain-Auguste et pouvant contenir cinq à six personnes.

BAINS TEMPÉRÉS.

Le Bain tempéré se trouve à une faible distance du Bain chaud, mais un peu moins près de la rivière.

Comme lui, il se compose de deux piscines, l'une pour les hommes, l'autre pour les dames, et pouvant conténir chacune de quatorze à quinze personnes. Le débit des griffons qui les alimentent est d'environ 100 litres à la minute.

BAIN JULIE.

Le Bain Julie est situé dans le même édifice que le Bain tempéré, et leur ensemble forme ce que l'on appelait autrefois l'établissement des bains de César. Le Bain Julie ne contient qu'une piscine pouvant recevoir environ de cinq à six personnes.

—

Tel est dans son ensemble l'établissement des Grands-Bains. Quoique placé dans une gorge assez resserrée, le site ne manque pas de pittoresque. Les sinuosités de la rivière aux flots toujours transparents, les mille accidents de son lit tourmenté, les rochers perpendiculaires qui bordent la plage opposée élevant au ciel leurs cimes déchirées, le bruit même du torrent, prêtent à ce paysage un charme tout particulier. D'ailleurs, en remontant la Sioule, l'horizon s'élargit. Une magnifique terrasse servant de digue et contiguë aux Grands-Bains sera le commencement d'un parc qui comprendra toute la presqu'île de Saint-Cyr, avec ses plages verdoyantes et ses rochers à pic.

Quant à l'organisation balnéaire, on va s'occuper

3

également de l'organiser d'une façon plus conforme au besoin de la thérapeutique actuelle. On utilisera les deux sources qui ne sont qu'à quelques pas du bain chaud et qui s'écoulent en pure perte. On fera de nouvelles fouilles ; car, à voir les nombreux filets ou bouillons d'eau minérale qui viennent sourdre jusque dans le lit même de la rivière, il est permis d'espérer obtenir, par des recherches intelligentes, un volume d'eau considérable.

Il y a, en outre, sous le rez-de-chaussée de la chapelle, des sources puissantes qui alimentaient deux piscines assez spacieuses, mais aujourd'hui comblées par les dépôts minéraux et des débris de constructions.

Bien que cette eau soit à une température assez inférieure à celle des Grands-Bains, il serait possible d'en tirer parti. D'ailleurs, en creusant plus profondément, on obtiendrait sans doute une température plus élevée, et un captage bien fait éviterait les infiltrations pluviales.

Relativement à l'organisation balnéaire, je crois qu'il sera possible, tout en conservant cette gamme précieuse dans la thermalité, d'installer des baignoires et d'avoir en quelque sorte un système mixte.

La baignoire, bien qu'inférieure, je ne crains pas de le dire, à la piscine comme mode balnéaire, présente cet avantage important de permettre aux médecins de graduer la minéralisation du bain. Il est certain que, pour plusieurs malades, on se trouverait très-bien de commencer par des bains mélangés de moitié ou d'un tiers d'eau douce pour augmenter ensuite progressivement la dose minérale suivant les exigences du traitement. Cela se pratique ainsi dans presque tous les établissements bien aménagés, et c'est une ressource précieuse. Il en est des eaux minérales comme des autres médicaments, il faut savoir graduer leur dose à propos, réglementer par degrés leur administration. Tel traitement a échoué parfois parce qu'on n'a pas su ou pas pu user de doses progressives et favoriser ainsi l'accoutumance du malade. N'est-ce pas vrai spécialement pour tous les névropathiques qui affluent de jour en jour plus nombreux dans les stations thermales.

§ II.

GROUPE DES BORDATS.

Le groupe des Bordats comprend deux établissements principaux :

Le Petit-Rocher,
La Rotonde.

BAIN DU PETIT-ROCHER.

L'établissement du Petit-Rocher, situé au hameau des Bordats, se trouve sur la rive gauche du petit ruisseau appelé le Cube, et à quelques pas de la buvette du même nom. Il se compose de deux piscines de forme très-allongée, rectangulaires, et dans lesquelles peuvent s'installer de douze à quinze personnes. Elles sont alimentées par des griffons fournissant de 75 à 80 litres à la minute. Cette eau, très-gazeuse, donne lieu à un échappement considérable d'acide carbonique qui s'attache en bulles innombrables sur toute la surface du corps pendant l'immersion.

A l'étage supérieur se trouvent quelques baignoires dans lesquelles on peut, à l'aide d'une pompe, amener de l'eau minérale ou de l'eau ordinaire, suivant les exigences du malade.

Cette partie de Châteauneuf est très-riche en eaux minérales ; aussi le propriétaire du Petit-Rocher, qui est un homme actif et entreprenant, a-t-il eu l'idée de creuser entre ses Bains et la fontaine Chevarier un puits profond afin de poursuivre une source chaude dont quelques bouillons superficiels venaient déceler la présence. Ses efforts ont été couronnés de succès ; il est parvenu à capter une magnifique source chaude très-abondante, dont il est encore difficile d'apprécier le volume et dont la température est de 36°. Le puits, parfaitement aménagé, permettra plus tard de faire de nouvelles recherches, car l'eau abonde en cet endroit. Ce nouveau et important bouillon est encore une ressource précieuse qu'il faut ajouter à toutes les richesses de Châteauneuf.

BAIN DE LA ROTONDE.

En face de la nouvelle source découverte, mais sur la rive droite du ruisseau, s'élève l'établissement de la Rotonde. Au rez-de-chaussée se trouve une fort belle piscine, la plus vaste de Châteauneuf. Elle est alimentée par deux bouillons pouvant donner ensemble de 85 à 90 litres à la minute. Cette eau est douce au toucher, onctueuse, et paraît contenir une assez grande quantité de matières organiques. Il serait désirable que le propriétaire fît diviser cette piscine, qui peut contenir actuellement de vingt à vingt-deux personnes en deux portions égales, l'une affectée aux hommes, l'autre aux dames. On éviterait une perte de temps dans le service, qui deviendrait ainsi plus facile et plus régulier.

—

. Tels sont dans leur ensemble les bains du Petit-Rocher et de la Rotonde ou Groupe des Bordats. Ils se trouvent dans la partie la plus spacieuse de Châteauneuf, à 200 ou 250 mètres de la rivière qui, dans cette région, est entourée de prairies verdoyantes. Soit qu'on se dirige du côté des Grands-Bains, soit qu'on porte ses pas en traversant l'élégante passerelle du côté des sources Chambon et Morny, soit enfin qu'on prenne la route de Saint-Gervais, les promenades sont toutes magnifiques et très-pittoresques. Près des bains, de nouveaux hôtels se sont construits, et cette partie de la station commence à prendre un aspect assez animé.

CHAPITRE VI.

Quelques mots sur le système des piscines.

On a vu, par cette courte description des divers établissements, que les piscines et les douches attenantes composent tout le système balnéaire. A vrai dire, si la baignoire présente, comme nous le disions il y a un instant, quelques avantages particuliers, la piscine à eau courante lui est peut-être supérieure comme moyen thérapeutique.

Durand-Fardel dit quelque part, dans ses leçons sur les eaux minérales : « Une eau minérale n'est réellement ce qu'elle est que par le rapprochement et l'union constante des principes qui la constituent. »

Certes, si on prend au pied de la lettre ce principe formulé par le savant hydrologue, Châteauneuf se trouve dans des conditions privilégiées. Toutes les piscines sont installées sur le bouillon même qui les alimente ; le baigneur a, si je puis m'exprimer ainsi, l'eau tout à fait à l'état natif et bien absolument telle que la fournit le grand laboratoire de la nature, et il est impossible d'imaginer de meilleures conditions thérapeutiques.

La baignoire, forcément plus ou moins éloignée de la source qui l'alimente, est loin de présenter les mêmes avantages : l'eau minérale a dû perdre un peu de son gaz, se refroidir, laisser en route quelques parcelles (très-minimes, je le veux bien) de ses principes minéraux ; mais enfin, dans le sens rigoureux du mot, elle n'est plus chimiquement la même.

A d'autres points de vue, la piscine présente des avantages sérieux : elle permet le mouvement, les déplacements, la distraction. Voici ce qu'en dit M. Lebret, dans son livre à l'article *Mode d'emploi des eaux minérales* :

« Ce qui caractérise l'usage de la piscine et ce qui
» en a fait préférer depuis longtemps la pratique à
» celle du bain isolé, c'est, au point de vue médical
» exclusivement, l'avantage de pouvoir étendre la
» durée du bain au delà des limites habituelles, et
» aussi cette considération de la liberté des mouve-
» ments et des déplacements que ne comporte pas la
» baignoire. Accessoirement, on ne saurait négliger
» l'influence des distractions que le bain pris en com-
» mun apporte en compensation de quelques désagré-
» ments, et qui l'a fait accepter sans répugnance en
» beaucoup d'endroits.

» D'ailleurs, comme cela a été établi avec une réelle
» autorité, il n'est aucune crainte à concevoir de la

» communication possible de germes nuisibles par
» l'intermédiaire de l'eau de la piscine. Aucun fait
» d'observation n'a jamais donné le moindre prétexte
» à cette appréhension dans aucune des très-nom-
» breuses stations qui ont des bassins communs. »

A Châteauneuf, l'eau minérale jaillissant du sol
même des piscines, il en résulte un dégagement considérable d'acide carbonique qu'il serait peut-être
facile de recueillir sous un gazomètre et d'employer en
bains ou douches, comme dans certaines stations supé-
rieurement aménagées. Cette quantité est énorme, et
M. Lefort, qui a étudié minutieusement l'aération des
piscines, a trouvé jusqu'à 14 °/₀ de ce gaz dans l'air am-
biant au-dessus du niveau de l'eau ; il a démontré également que l'atmosphère des piscines contient un excès
d'azote qui varie de 3 à 5 centimètres cubes pour 100. Il y
aurait là de curieuses observations à faire relativement
aux voies respiratoires ; et la piscine, dans certains
cas spéciaux, pourrait servir de véritable salle d'inha-
lation.

Néanmoins, pour ce service ordinaire, il est toujours prudent de se débarrasser de cet excès de gaz
carbonique à l'aide d'une ventilation convenable.

CHAPITRE VII.

Effets physiologiques.

Bains chauds et tempérés. — Bains frais. — Eau en boisson. — La fièvre thermale.

J'ai voulu expérimenter par moi-même toute la série de nos bains, et, joignant mes observations personnelles à celles que j'ai pu recueillir chez les malades, voici en général l'état du baigneur pendant le bain :

Bains chauds et tempérés. — En entrant, la chaleur paraît devoir être insupportable, et, à mesure qu'on s'enfonce dans la piscine, on éprouve au creux de l'estomac comme une sensation de resserrement assez pénible. J'ai vu quelques personnes craintives vouloir sortir immédiatement et n'être retenues que par les encouragements des autres baigneurs, leur racontant qu'eux aussi, ils ont passé par ce petit malaise.

Voilà, soit dit en passant, un des avantages de la piscine : on se rassure mutuellement, on se console, on prend espoir. « Un malade rassuré, disait un célèbre médecin, n'est-il pas déjà un peu sur le chemin de la guérison ? »

Cet état de resserrement ne dure guère d'habitude que quelques instants; d'autres fois cependant il persiste pendant toute la durée du bain ; néanmoins la chose est rare, et il disparaît à mesure que se fait l'accoutumance à la piscine.

Au phénomène de constriction épigastrique succède la plupart du temps un sentiment de bien-être, et tout se passe sans autre incident jusqu'à la fin. Chez quelques-uns néanmoins (surtout pendant les premiers bains), un certain malaise persiste : la peau devient très-chaude, il y a de la céphalalgie, une sueur abondante se montre au cou et à la face ; il survient des vertiges, quelques éblouissements et autres symptômes d'un peu de congestion du côté de la tête. D'autres, enfin, n'éprouvent absolument rien pendant toute la durée du bain, et il semble qu'ils pourraient y rester des journées entières sans être incommodés. Cette remarque, toutefois, ne s'applique guère qu'à ceux qui prennent le bain tempéré, moins excitant que le bain chaud.

Après la sortie du bain, si le malade a eu le soin de se mettre au lit, il n'est pas rare de voir survenir une transpiration abondante avec élévation du pouls, mal de tête, puis, au bout de trois quarts d'heure environ, tout rentre dans l'ordre et il s'endort paisiblement.

Je recommande ici en passant de ne pas se couvrir outre mesure afin d'obtenir cette sueur à laquelle beaucoup de personnes tiennent si obstinément. Si cette sueur doit venir, il faut qu'elle vienne naturellement, comme une *crise naturelle*, sans quoi elle est une fatigue, elle est mauvaise. Tous les malades n'ont pas les moyens de suer, et, pour quelques-uns, ce serait les affaiblir bien inutilement.

En ce qui concerne les rhumatismes, il est remarquable que les souffrances sont presque toujours augmentées, surtout s'il s'agit de douleurs articulaires, et je dois dire que c'est, la plupart du temps, de bon augure. Cette remarque a été faite depuis fort longtemps par tous les médecins qui se sont occupés de Châteauneuf. Quant aux douleurs purement musculaires, leur amélioration est en général plus rapide ; il n'est pas rare de voir des malades guéris après une première immersion dans le bain tempéré ou le bain chaud. Ceci démontre, comme nous le verrons plus tard, que, pour un certain nombre de rhumatismes musculaires et de douleurs rhumatoïdes fugaces, la thermalité est le côté principal du traitement.

Bains frais. — En entrant, le malade éprouve comme une sorte de saisissement, heureusement de courte durée, et qu'on peut abréger en se plongeant rapidement dans la piscine, et, comme aux bains chauds, une sensation de resserrement au creux de l'estomac. Au bout d'un instant, des milliers de bulles de gaz viennent s'attacher aux villosités de la peau et l'envelopper comme d'un véritable peignoir de perles. La peau devient quelquefois très-rouge, chaude ; le malade ressent des picotements qui persistent plus ou moins longtemps, mais rarement plus d'une demi-heure. Dans tous les cas, il faut quitter le bain quand on commence à sentir froid.

A la suite de ce genre de bain, il est peu de circonstances où le repos du lit soit indiqué, et, dans la majorité des cas, il est bon, au contraire, de prendre immédiatement de l'exercice et de faire, par exemple, une
promenade si le temps le permet.

Douches. — Nous ne dirons que fort peu de choses
des effets physiologiques de la douche, car son application donne lieu aux phénomènes les plus variés. Ces
effets, d'ailleurs, diffèrent suivant qu'il s'agit d'obtenir
une *résolution* locale ou une *dérivation* sur toute la
périphérie. Employée localement, elle est en général
accompagnée d'un vif picotement à la peau qui rougit,
se gorge de fluides et présente une élévation notable
dans la température. Employée comme dérivatif sur
toute la surface du corps, elle donne lieu d'abord à un
peu de mal de tête, à un sentiment de courbature;
mais cet état dure peu, et d'ordinaire une sorte de
bien-être lui succède rapidement.

Bien organisées, les douches sont d'un grand secours
dans le traitement hydro-minéral ; mais que les malades
se persuadent bien de ceci, c'est que rien n'est difficile
comme leur application, et c'est surtout dans le rhumatisme, à formes si diverses et si mobiles de sa nature,
que leur administration nécessite la plus extrême prudence. Bon nombre de baigneurs, en usant des douches à tort et à travers, perdent tout le bénéfice qu'ils
retireraient d'un traitement bien ordonné.

Eau en boisson. — L'eau en boisson est générale-

ment bien supportée et produit rapidement une augmentation de l'appétit. Ceci est surtout vrai pour les
sources gazeuses. L'acide carbonique qu'elle renferme
est un admirable stimulant des fonctions digestives,
et nous verrons à l'article Thérapeutique quel parti on
peut en tirer dans le traitement d'un certain nombre
de maladies de l'estomac. Les premiers jours, l'ingestion
de l'eau minérale semble donner lieu à un peu de mal
de tête, et chez quelques-uns même qui en ont absorbé
imprudemment une trop grande quantité; ce phénomène peut aller jusqu'à une sorte d'ivresse. Bientôt
néanmoins tout rentre dans l'ordre, et à moins d'un
état aigu du côté des voies digestives, la tolérance
s'établit très-vite. La soif est généralement augmentée
dans les premiers jours, et cependant les urines sont
peut-être moins abondantes. Il est vrai que d'ordinaire, dans ce cas, elles se montrent plus colorées,
plus chargées quant à leurs principes solides. Les selles
également sont moins fréquentes et, les premiers jours,
il n'est pas rare d'observer un peu de constipation
nécessitant l'emploi de légers laxatifs.

Quant à ce que les auteurs ont appelé *poussée ou
fièvre thermale,* je ne l'ai guère observée que chez ceux
qui abusent des eaux, précipitent leur traitement pour
en abréger la durée. Les eaux minérales sont des médicaments qui ne procèdent en général que par insi-
nuation. Leurs effets sont rarement immédiats et se
font quelquefois très-longtemps attendre : aussi cette
fameuse *poussée* ou *fièvre thermale,* tant désirée de

quelques malades et regardée à tort comme indispensable, n'est la plupart du temps qu'une espèce de révolte de l'organisme contre des doses qu'on veut lui imposer coup sur coup.

Tout au plus pourrait-on réserver le nom de poussée thermale à ce phénomène qui se produit quelquefois chez les rhumatisants et les goutteux, et qui consiste en une sorte d'*exanthème* fugace disparaissant au bout de quelques jours. Enfin, il ne viendra à personne l'idée de regarder comme une véritable poussée thermale ce rappel de certaines dermatoses, pityriasis, eczéma, qui alternent souvent avec les manifestations de l'arthritis.

APPENDICE

A la suite de cette description de Châteauneuf et de ses divers établissements, tous ceux qui s'intéressent à la géologie de notre beau département liront avec plaisir les lignes suivantes, que je dois à la bienveillance de M. Julien, professeur à la Faculté des sciences de Clermont-Ferrand, et dans lesquelles il esquisse à grands traits la géologie de Châteauneuf et de ses environs.

ESQUISSE GÉOLOGIQUE DE CHATEAUNEUF ET DE SES ENVIRONS.

« La structure géologique des environs de Château-
» neuf est des moins variées ; — on n'y observe que du
» granite et des filons de porphyre.

» Le granite offre peu de variétés. C'est le granite
» ordinaire qui forme la majeure partie du plateau
» central. — Parfois il passe au gneiss en devenant
» schisteux, par suite de l'orientation du mica ; par-
» fois, au contraire, il se rapproche de la pegmatite
» et se complète par l'introduction d'aiguilles de
» tourmaline.

» Si l'on se dirige au nord, du côté de Menat, on le
» voit, à quelque distance du village d'Ayat, cesser,

» pour faire place au gneiss et au micaschiste. — La
» limite de séparation du granite et du terrain cris-
» tallo-phyllien est marquée par une ligne presque
» droite qui irait du village de Ste-Christine à Blot-
» l'Eglise.

» Les filons de porphyre sont nombreux dans les
» environs, — on pourrait les citer dans une foule
» de points, mais il est à remarquer qu'ils affectent
» de préférence la rive droite de la Sioule. — Ce por-
» phyre, aux couleurs variées, tantôt vert, tantôt
» rouge ou jaunâtre, est remarquable par l'abondance
» des beaux cristaux simples ou mâclés de pinite si
» recherchés des minéralogistes.

» C'est le long de la Sioule, à Châteauneuf, que
» jaillissent les innombrables sources d'eau minérale
» et thermale qui ont fait de cette région du départe-
» ment une des plus riches en ressources hydrothé-
» rapiques. — Très-appréciée des médecins et des
» malades, la station de Châteauneuf manque encore
» d'une installation en rapport avec son importance
» médicale ; et pourtant elle serait digne de rivaliser
» avec Royat, St-Nectaire, la Bourboule et autres
» hydropoles plus florissantes, mais non supérieures
» par leurs vertus thérapeutiques. Il y a beaucoup
» d'eau minérale à Châteauneuf, et il serait possible
» d'augmenter encore ce volume par des recherches,
» des aménagements et des captages bien dirigés.

. . . .

» On a cherché bien souvent à découvrir une
» relation entre les eaux thermales d'une région
» et les roches éruptives que l'on observe dans les
» environs ; on a été conduit ainsi à attribuer la
» variété de la minéralisation des eaux à la nature
» particulière des roches. — C'est ainsi, par exemple,
» que le rapprochement dans les Pyrénées des ophytes
» et des eaux sulfureuses a fait penser que les pre-
» mières avaient amené la sortie des secondes, que
» les eaux bi-carbonatées sodiques de Vichy et de
» Carlsbad étaient dues aux innombrables épanche-
» ments basaltiques de l'Auvergne et de la Bohême.

» C'est en partant de cet ordre d'idées qu'on a
» voulu voir dans la présence des filons de porphyre
» la cause du jaillissement des eaux de Châteauneuf.
» — Or, cela n'est rien moins que vraisemblable. —
» Il est bien d'autres régions en Auvergne aussi riches
» en porphyre et qui sont complètement dénuées de
» sources chaudes.

» Sans doute, la sortie des eaux thermales est un
» phénomène volcanique, et il existe une relation
» étroite entre les volcans, les solfatares, les eaux
» thermales, les émanations bitumineuses et le rem-
» plissage des filons. Mais c'est aux éruptions volca-
» niques récentes et aux dislocations qui ont accidenté
» notre sol à l'époque tertiaire qu'il faut rapporter la
» cause qui a amené et continue d'amener au jour les
» sources sans nombre qui font de l'Auvergne une
» région privilégiée entre toutes.

» En un mot, entre les sources de Châteauneuf et
» les porphyres des environs, il n'y a qu'une simple
» coïncidence de voisinage et nullement une relation
» de cause à effet.

» Le phénomène volcanique, dont les eaux de Châ-
» teauneuf, Royat, Saint-Nectaire, Vichy, etc., nous
» apparaissent comme le déclin et le dernier soupir,
» est celui qui a couvert le centre de la France de
» coulées de laves, de nappes de basaltes et qui a
» édifié à l'origine les volcans aujourd'hui démantelés
» et profondément ravinés du Mont-Dore, du Cantal
» et du Mezenc.

» Quant aux porphyres de la France centrale, il ne
» faut jamais oublier, quand on cherche à leur ratta-
» cher des eaux thermales, phénomène moderne,
» qu'il sont venus au jour dès avant la période houil-
» lère. — Leurs eaux thermales (car ils en ont amené
» à cette époque), ont créé les filons de galène de
» Pontgibaud, de cuivre panaché de la Prugne, dans
» le Forez ; et, plus près de Châteauneuf, les filons
» quartzeux et métalliques de Blot-l'Eglise, de Joux,
» de Masboutin, de Roche-d'Agout, de St-Hilaire-la-
» Croix, etc.....

» J'ai dit plus haut que les eaux thermales se fai-
» saient jour des profondeurs du globe à la surface
» par les fentes et les fractures du sol. — C'est,
» en effet, une de ces fractures qui sert de lit à la
» Sioule, à Châteauneuf, et il est même probable qu'il
» en existe plusieurs qui se croisent à l'extrémité

» du village, autour de cette presqu'île de porphyre
» qui a obligé la rivière à faire un détour pittoresque.
» — Ce serait une étude bien intéressante que celle
» des fractures qui ont disloqué l'Auvergne, et l'on
» arriverait par là non-seulement à relier exactement
» les diverses sources de cette région et les roches
» volcaniques, mais encore à préciser l'âge relatif de
» ces sources. — Mais c'est une étude très-longue,
» très-délicate et dont la possibilité est à peine entre-
» vue.

. . . .

» Si Châteauneuf offre peu de ressource au géolo-
» gue et au minéralogiste, il n'en est pas de même des
» environs. — Cette station peut servir de centre et
» de point de départ à des excursions des plus inté-
» ressantes.

» Si l'on se dirige à l'ouest, on peut aller étudier à
» quelques lieues la bande houillère qui traverse le
» plateau central de Décize à Argentat, et que l'on
» exploite, dans sa partie renflée, à St-Eloi.

» Au nord, on peut visiter le célèbre petit bassin
» de Menat, qui nous conserve dans les feuillets de
» ses schistes une inépuisable collection d'empreintes
» végétales. — Elles nous révèlent le caractère des
» forêts qui couvraient notre sol à l'époque tertiaire
» supérieure, et nous apprennent combien le climat
» de l'Europe centrale s'est modifié depuis cette épo-
» que. — Le célèbre botaniste de Zurich, M. Oswald

» Heer, y a reconnu en effet les espèces suivantes
» parmi les plus remarquables :

» *Sequoia langsdorfii.* — *Libocedrus salicornioides.*
» — *Quercus lonchitis.* — *Ficus tiliæfolia.* — *Cinna-*
» *momum lanceolatum.* — *Diospyros brachysépala.* —
» *Eucalyptus océanica.* — *Cassia Bérenices.* — *Accacia*
» *parschlugiana.* — *Corylus grosse-deutata.* — *Celtis*
» *couloni.* — *Acer schimperi,* etc., etc., etc.

» Cette végétation, aujourd'hui disparue à jamais
» de nos contrées, témoigne d'un climat subtropical,
» et l'on en trouve une confirmation dans les *cycadées*
» fossiles de Gannat et les *palmiers* de Chadrat, près
» de St-Amand-Tallende.

» A l'est, le géologue buveur d'eau pourra exploiter
» les bords du sombre gouffre de Tazana, effondrement
» presque circulaire rempli d'eau, et gravir les pentes
» rocailleuses du puy Chalard, le dernier des volcans
» à cratères de l'Auvergne.

» Enfin, dirigeant ses pas en amont de la Sioule, il
» pourra jeter un coup d'œil au paradis de Queuil,
» pour y admirer les effets d'érosion de la période
» diluvienne, et visiter plus loin la Chartreuse, près
» du volcan de Chalusset, les filons de Pranal et
» Barbecot et les fonderies de Pontgibaud. »

DEUXIÈME PARTIE

PARTIE THÉRAPEUTIQUE

CHAPITRE Ier.

Préliminaires.

En ouvrant une notice sur telle ou telle station thermale, le lecteur est toujours un peu surpris d'y voir mentionnées comme tributaires de cette station un certain nombre de maladies réclamées également par d'autres eaux minérales. Le doute naît dans son esprit, et il se demande avec raison comment des eaux différentes peuvent arriver à des résultats identiques.

Le devoir du médecin est alors de lui faire comprendre qu'à côté de la *maladie* il y a le *malade,* et que ce serait faire fausse route que de vouloir traiter les mêmes affections toujours par les mêmes remèdes, sans tenir compte des nuances individuelles : celui-ci est robuste, pléthorique ; celui-là, anémique, débilité ; cet autre, irritable, nerveux : à chacun il faudra une médication différente. Ainsi s'explique cette proposition qui peut paraître de prime-abord contradictoire, que les mêmes maladies peuvent être guéries près de sources différentes.

La même affection nécessitera donc chez les uns des eaux chlorurées, chez les autres des sulfurées, chez ceux-ci des alcalines faibles ou fortes ; et les doses devront encore varier, suivant l'état du malade. Je dirai même plus : telle eau minérale qui a réussi pendant plusieurs années chez un malade, doit quelquefois être abandonnée précisément à cause de l'heureuse modification qu'elle a introduite dans l'organisme, si l'on veut bénéficier longtemps de ce bon résultat et ne pas dépasser la limite favorable. Tel est, par exemple, le cas de ces goutteux qui, améliorés d'abord par des eaux alcalines fortes, comme Vals ou Vichy, feraient bien par la suite de s'adresser à des eaux sodiques plus faibles, mais plus reconstituantes.

Il est donc très-difficile d'établir d'une manière précise les vertus d'une eau minérale, car c'est un médicament très-complexe et d'une application fort délicate. Le point essentiel, à mon avis, sera d'indiquer son caractère thérapeutique dominant.

CHAPITRE II.

Propriétés thérapeutiques générales.
Caractères particuliers.

Le caractère thérapeutique dominant des eaux minérales de Châteauneuf est d'être *toniques et reconstituantes*. Véritables *lymphes minérales*, suivant l'heureuse expression de M. Gubler, parce qu'elles contiennent la plupart des sels neutres du sérum sanguin; elles sont spécialement indiquées dans toutes les affections où le sang est appauvri, l'organisme débilité.

Voilà pour le caractère général, et ce caractère a été parfaitement saisi autrefois par M. Nivet, qui a étudié si consciencieusement la plupart des eaux minérales de notre beau département.

Si maintenant, à la suite de ce principe général, nous descendons aux considérations particulières et cherchons, d'après l'analyse, à nous rendre compte des résultats cliniques, nous arrivons aux conclusions suivantes :

Les alcalins, et entr'autres la lithine, nous expliquent les effets obtenus dans les affections arthritiques, la richesse en fer et en acide carbonique, nous donne la clef du succès dans les anémies, la chlorose et diverses maladies des voies digestives.

Je n'entends pas dire néanmoins que, de l'examen

chimique d'une eau minérale, on puisse toujours en déduire . la conséquence thérapeutique. L'expérience journalière viendrait trop souvent donner de cruels démentis à cette proposition ; et nous avons vu souvent des eaux presque chimiquement identiques produire des résultats très-sensiblement différents. — Il est vrai qu'on pourrait encore objecter qu'on ne connaît presque jamais bien complétement la composition d'une eau minérale, et que le chimiste le plus consommé ne pourra jamais pénétrer l'alliance intime des différents principes qu'elle renferme. Toutefois, sans vouloir pousser cette question jusque dans ses derniers retranchements, je crois qu'il est légitime d'admettre que la composition chimique connue est le premier jalon qui seul peut guider le praticien désireux d'observer. Plus tard, l'expérience viendra éclairer la route, redresser les erreurs, vérifier les hypothèses, et s'imposer comme le *criterium,* le souverain juge dans le traitement.

CHAPITRE III.

De la lithine : son emploi dans la diathèse urique.

§ I.

Avant d'examiner les diverses maladies chroniques qui sont tributaires de Châteauneuf, je dois mentionner une récente découverte qui jette un jour tout nouveau sur quelques points spéciaux de l'hydrothérapie de cette station : la découverte de la *lithine*, à la dose de 30 à 35 milligrammes par litre (1).

Garrod, professeur de thérapeutique au collége royal des médecins à Londres, raconte dans son livre sur la goutte et le rhumatisme, diverses expériences à la suite desquelles il fut amené à regarder la lithine comme un bon dissolvant de l'acide urique des goutteux. Voici d'ailleurs comment il s'exprime à ce sujet : « J'acquis la conviction de l'efficacité de la lithine » dans les affections goutteuses. Sa puissance alcaline » étant très-élevée en raison du poids atomique mi- » nime du lithium, son pouvoir de dissoudre l'acide » urique et les urates de soude est bien supérieur à

(1) Truchot et Fredet, 1875. *De la lithine dans les eaux minérales de Royat et dans les principales sources thermales d'Auvergne.*

» celui d'aucune autre substance chimique, tandis que
» son action locale est tout-à-fait insignifiante et son
» usage interne sans inconvénients. — Plusieurs fois,
» j'administrai le carbonate de lithine à des goutteux,
» et j'obtins comme résultat d'éloigner les accès et
» d'améliorer l'état général des malades. — Ces faits
» m'ont conduit à préconiser les sels de lithine comme
» des médicaments doués d'une grande efficacité dans
» la diathèse urique. »

Voici, d'autre part, ce qu'on trouve à l'article LITHINE dans le *Dictionnaire de médecine et de chirurgie pratiques* :

« C'est surtout contre l'acide urique que le carbonate
» de lithine possède des avantages marqués. L'urate
» de lithine est en effet le plus soluble des urates con-
» nus, en sorte que le carbonate de cette base agit sur
» l'acide urique et sur l'urate de soude avec beaucoup
» plus d'activité et d'énergie que le bi-carbonate de
» soude, qu'on emploie généralement pour le même
» usage.

» Il est digne de remarque que les eaux minérales
» auxquelles on a reconnu une certaine efficacité
» dans les affections goutteuses ont offert à l'analyse
» une proportion plus ou moins grande de lithine. On
» aurait tort sans doute d'en conclure que cette lithine
» est la cause exclusive de l'action médicale qui leur
» appartient ; mais cette coïncidence est au moins assez
» singulière pour fixer l'attention des thérapeutistes
» et appeler de nouvelles études sur cette question. »

CHAPITRE IV.

Quelques mots sur l'arthritis.

Les lignes qui précèdent nous amènent tout naturellement à parler de l'*arthritis,* question aujourd'hui fort controversée et qui divise les plus hautes sommités médicales.

M. Bazin, le savant professeur de Saint-Louis et l'ardent propagateur de cette théorie, comprend dans l'*arthritis* le rhumatisme, la goutte et un certain nombre de dermatoses (eczéma, pityriasis, etc.....) qui paraissent coïncider ou alterner souvent avec ces deux maladies. Pour lui, ces diverses affections ne sont que les manifestations d'un même état constitutionnel : l'*arthritis.*

Il serait téméraire à nous de vouloir nous prononcer dans une question qui compte des partisans comme Chomel, Grisolle, Pidoux, Bazin, ou des adversaires tels que Tardieu, Monneret, Hardy, Durand-Fardel. Néanmoins nous avouerons franchement que si cette théorie n'est qu'une ingénieuse hypothèse, elle est du moins bien séduisante, et que l'observation clinique paraît bien souvent lui donner raison.

Nous avons vu maintes fois des dermatoses comme l'eczéma alterner ou coïncider avec des symptômes de goutte et de rhumatisme ; bien souvent, dans nos recherches sur les antécédents des malades, nous avons appris qu'un rhumatisant était issu d'un goutteux, et réciproquement. Et, d'ailleurs, quel médecin n'a pas rencontré de ces affections mixtes qu'on a commodément décorées dù nom de *rhumatismes goutteux*, parce qu'elles paraissent tenir à la fois de la goutte et du rhumatisme.

Trousseau ne semblait-il pas faire un sacrifice à cette idée, quand il écrivait dans ses *Leçons cliniques*, t. III, p. 348, en parlant des analogies de la goutte et du rhumatisme : « Ces deux diathèses peuvent non-
» seulement se confondre dans le même individu,
» mais aussi jusque dans l'hérédité. J'entends par là
» qu'un rhumatisant peut engendrer un goutteux, et
» réciproquement. Il est évident qu'elles ont entre
» elles un lien étroit de parenté. »

M. Charcot lui-même, tout en prétendant que ces deux affections, une fois constituées, suivent une marche parallèle sans jamais se rencontrer, n'avoue-t-il pas qu'elles peuvent se réunir sur le terrain étiologique.

Nous pourrions ici faire l'exposé rapide des diverses raisons qui plaident pour ou contre la théorie de l'arthritis, mais le modeste cadre de cette étude ne comporte pas de pareils développements, et nous laissons à de plus autorisés que nous le soin d'élucider cette question. *Adhuc sub judice lis est.* — L'avenir décidera.

Nous nous bornerons en terminant à mentionner un

point essentiel : c'est que le rhumatisme, la goutte et les dermatoses, qui paraissent liés à ces deux affections, trouvent de précieuses ressources thérapeutiques dans nos eaux alcalines lithinées, et qu'ici l'expérience vient appuyer la théorie. Quant à la goutte spécialement, nous verrons plus tard que c'est surtout dans la forme atonique, si souvent associée à un affaiblissement général de l'économie, que les eaux reconstituantes de Châteauneuf sont indiquées.

CHAPITRE V.

Du rhumatisme.

Ancienne réputation de Châteauneuf dans le traitement de cette maladie. — Observations diverses.

§ Ier.

De temps immémorial, les eaux minérales de Châteauneuf ont été vantées pour leurs succès dans le traitement du rhumatisme.

C'est même cette efficacité incontestable et incontestée qui les a sauvées de l'oubli où les eût infailliblement fait tomber leur mauvaise installation. Un assez grand nombre de rhumatisants, délaissant des stations plus luxueuses et mieux aménagées, viennent encore

y chercher sinon la guérison, du moins une réelle
amélioration à leurs souffrances. Il faut reconnaître
pourtant que dans le traitement de cette affection, qui
revêt tant de formes variées et qui s'attaque à tant de
tempéraments divers, un grand nombre d'autres sta
tions thermales peuvent aussi revendiquer de légitimes
succès ; mais aucune ne mérita mieux sa réputation
que Châteauneuf.

Y a-t-il dans nos eaux minérales quelque chose qui
échappe à l'analyse chimique, existe-t-il quelque influence étrangère à la médication hydro-minérale ? Je
n'oserais l'affirmer dans la crainte d'être taxé d'exagé-
ration. La température presque toujours constante de
cette belle et profonde vallée traversée par une large
rivière, son atmosphère toujours calme et comme
imprégnée de vapeurs tièdes, l'absence à peu près complète des vents violents, tout cela est-il pour quelque
chose dans la cure rhumatismale ? Il est permis de le
penser. Mais, sans entrer dans le domaine des hypothèses, je me hâte d'ajouter que la nature des eaux
suffit à elle seule pour expliquer leur efficacité.

*Un des caractères le plus curieux peut-être et le plus
intéressant des eaux minérales de Châteauneuf est d'être
à la fois thermales et notablement ferrugineuses,* condition assez rare, on le sait ; car presque toutes les
eaux ferrugineuses sont froides. Avec leur précieuse
gamme de thermalité (de 25 à 38°), elles se prêtent
admirablement au traitement de toutes les variétés du
rhumatisme et des nombreuses nuances individuelles,

car, si dans l'immense majorité des cas il est juste de reconnaître qu'une haute thermalité est le point essentiel, il est bon nombre de circonstances où les malades se trouvent bien d'une température moins élevée. En tout cas, la faculté de graduer la chaleur des bains sans avoir recours à l'eau naturelle ou à un chauffage artificiel a toujours été, sans contredit, une ressource précieuse.

Le rhumatisme, comme je le disais plus haut, revêt toutes les formes, et il n'est peut-être pas d'organe qui n'ait à redouter ses atteintes ; néanmoins il s'attaque de préférence aux articulations et à toutes les séreuses, aux muscles et au système nerveux. De là les *rhumatismes articulaires chroniques, les rhumatismes musculaires, les névralgies rhumatismales*. Les tempéraments les plus divers n'en sont point exempts.

Au milieu de cette variété infinie, quel genre de rhumatisme, ou mieux, quel genre de rhumatisants peuvent être plus spécialement soignés à Châteauneuf?

Si l'on a présentes à l'esprit les considérations générales que j'ai données à propos de la composition de nos eaux minérales, on arrive à conclure qu'elles conviennent surtout dans le rhumatisme où l'état constitutionnel a besoin d'être restauré : par exemple, chez les lymphatiques, les chloro-anémiques, les débilités de toute sorte, chez ceux où il faut éviter une médication trop stimulante tout en voulant les tonifier, chez ceux enfin qui présentent d'une façon non équivoque le tempérament arthritique. Il est bien entendu que je ne parle pas ici du rhumatisme articulaire aigu, pour lequel la médication hydro-minérale est toujours contre-indiquée, non plus que de ces douleurs rhumatoïdes fugaces passagères, pour lesquelles des bains d'eau chaude minéralisée ou non suffisent la plupart du temps.

Voici quelques observations de rhumatisme :

OBS. I.

Mme V..., 50 ans, tempérament lymphatique.

Issue d'un père rhumatisant. — Elle attribue son mal à un séjour de plusieurs années dans un rez-de-chaussée humide, et se plaint de douleurs dans les deux genoux. — L'état général est mauvais. — Mme V... paraît très-affaiblie.

A l'examen, on constate un peu de tuméfaction, surtout à droite, et des craquements bien manifestes quand on fait jouer les articulations.

Mme V... se plaint en outre d'avoir fréquemment des crampes d'estomac; et chose singulière, dit-elle, quand elle souffre de l'estomac ses douleurs des genoux paraissent moins vives. C'est là évidemment un de ces exemples fré-quents de métastases qui sont dans le génie du rhuma-tisme.

Arrivée : 3 juillet 1873.

Traitement. — Bains tempérés. — Aucune amélioration.

Au bout de 10 jours, bains chauds. — Grand soulage-ment pendant le bain, mais ensuite réapparition des douleurs.

Pendant la cure balnéaire, la malade boit de 2 à 3 verres de l'eau Désaix par jour. — Bientôt l'appétit est augmenté, les crampes d'estomac disparaissent, l'état général paraît s'améliorer sensiblement.

Au bout de 22 jours, Mme V... quitte Châteauneuf, débarrassée de ses crampes d'estomac, mais à peu près dans le même état quant aux douleurs rhumatismales des genoux.

L'année suivante, elle revient à peu près à la même époque. — Elle souffre encore de ses douleurs articulaires, mais l'hiver a été moins mauvais et surtout l'appétit s'est conservé.

Même traitement. — Mme V... quitte la station dans un état assez satisfaisant, la marche n'est plus très-douloureuse et le gonflement des genoux a en partie disparu.

Une troisième saison la ramène à Châteauneuf. Cette fois-ci, elle ne souffre guère plus, dit-elle, qu'aux changements de temps et encore les douleurs sont très-supportables. — L'état général est excellent.

Même traitement. — L'amélicration continue.

Cette observation me paraît bien démontrer la thèse dont j'ai dit quelques mots dans un des chapitres précédents, c'est-à-dire que souvent le seul moyen d'atteindre la lésion locale, c'est de restaurer l'état général. Mme V... n'a pu voir ses douleurs articulaires s'amender que lorsque, l'appétit revenant, la nutrition a pu se faire dans toute son intégrité et qu'enfin la santé générale s'est améliorée.

OBS. II.

M. G..., 44 ans, cultivateur, grand, robuste. — Pas d'antécédents de rhumatisme du côté des parents. — Il a eu il y a 15 ans environ une attaque de rhumatisme aigu qui l'a cloué pendant 40 jours sur son lit et a suivi toutes les articulations. Pendant 10 ans il n'a rien ressenti de nouveau, mais depuis 5 ans il a eu quelques douleurs vagues dans les jointures des deux jambes, et enfin depuis 5 à 6 mois il souffre beaucoup dans le haut de la cuisse gauche.— Par moments la marche est complètement impossible. — La chaleur du lit ne fait qu'exaspérer ses douleurs.

Il a une sciatique.

Arrivé : 21 juillet 1875.

Traitement. — Bains tempérés. — Exaspération des douleurs, qui paraissent atteindre une très-grande intensité.— Repos pendant 2 jours, puis bains chauds qui ne sont pas mieux tolérés.

Les douches locales ne réussissent pas mieux, mais appliquées loin de la région douloureuse elles semblent amener une sorte de détente dans la douleur.

Vers le quatorzième jour une véritable crise se déclare du côté des urines qui, d'apparence normale qu'elles étaient, deviennent rougeâtres et sédimenteuses.

Les douleurs diminuent rapidement, et le dix-neuvième jour le malade peut faire quelques promenades autour de l'hôtel en s'appuyant sur son bâton.

Quand il est parti au bout de 21 jours, la guérison était presque complète.

J'ai su depuis que cet homme était tout à fait guéri.

Cette observation présente quelque intérêt à cause de ce fait remarquable de l'exaspération des douleurs pendant les premiers bains. M. Pénissat, l'inspecteur, avec sa longue expérience de Châteauneuf, avait remarqué que presque toujours cette augmentation des souffrances pendant les premiers bains était d'un excellent augure. Moi-même j'ai vu bien souvent le même phénomène se produire et être presque toujours suivi d'une amélioration très-réelle ou même d'une véritable guérison.

Quant au malade qui fait le sujet de cette observation, on a vu chez lui les douches locales produire aussi un accroissement de la douleur. — Les douches sont d'ailleurs, je le crois, d'une administration fort délicate et demandent la plus grande circonspection dans leur emploi. Si dans certains cas il faut savoir, à l'aide de la percussion énergique de la douche, réveiller la sensibilité d'une région, la tirer de l'atonie où elle est plongée, l'exciter en y appelant un afflux sanguin considérable, il est bien des cas où il faut craindre une trop grande excitation locale, de peur d'activer un travail de désorganisation déjà peut-être commencé.

OBS. III.

M. R..., 44 ans, teint fortement coloré, constitution moyenne, commerçant. — Pas d'antécédents de rhumatisme du côté des parents.

Il a eu il y a 3 ans une maladie de peau occupant une partie de l'épaule droite et pour laquelle on lui a fait prendre des bains sulfureux qui ont parfaitement réussi.

Aujourd'hui il souffre de douleurs rhumatismales du côté opposé; il éprouve comme des déchirements, des élancements quand il respire; il peut à peine se courber : tout cela depuis 3 mois environ, avec des alternatives diverses.

A l'examen, rien d'anormal dans les muscles de l'épaule

et du thorax ; les traces de l'affection cutanée sont à peine visibles ; bruit de soufle au cœur, à la base. — Anorexie.

Arrivé : 15 juillet 1876.

Traitement. — Bains tempérés, douches sur les pieds, eau de la Pyramide en boisson.

Pendant les premiers bains, les douleurs restent stationnaires, mais l'appétit augmente peu à peu, le malade qui est très-affecté et très-craintif, reprend espoir.

Vers le quinzième jour, survient tout à coup une vive démangeaison de tout le corps en général, légère suppression des urines, malaise indéfinissable.

Le lendemain, apparitions de quelques plaques d'ezcéma sur l'épaule anciennement affectée, et en même temps cessation des douleurs thoraciques.

Contre l'habitude ordinaire de terminer la cure par les bains chauds, je laisse le malade aux bains tempérés (Bain Julie).

Départ au bout de 19 jours de traitement. Le rhumatisme intercostal a disparu, mais les plaques d'eczéma sont de plus en plus envahissantes. Le malade veut d'ailleurs à toute force aller reprendre ses bains sulfureux.

Il serait intéressant de savoir ce qui s'est passé depuis, mais je manque de renseignements.

Cette observation présente, à mon avis, un véritable intérêt, en ce qu'elle viendrait comme un appoint à la théorie de l'arthritis, théorie qui considère le rhumatisme et certaines dermatoses comme des manifestations diverses d'une même diathèse.

Chez ce malade, à la première apparition de la maladie de la peau, on n'avait sans doute pas songé au rhumatisme, et il a fallu le traitement hydro-minéral

pour révéler la nature arthritique de cette précédente
affection. — C'est ainsi que bien souvent sans doute
des arthritides pourront être distinguées des scrophu-
lides, des herpétides, des syphilides, etc. — J'ai laissé
à dessein le malade aux bains tempérés pendant tout
son traitement, car je crois qu'avec certaines natures
irritables, craintives, il faut éviter les hautes températures.

OBS. IV.

M. B..., 35 ans, bonne constitution. — Issu d'une mère
rhumatisante.

Il a été pris, à la suite d'un voyage dans lequel il a enduré
une forte pluie pendant une heure, de douleurs violentes
dans la région lombaire. Il lui est impossible de fléchir la
colonne vertébrale ; les parois abdominales elles-mêmes
sont douloureuses. Depuis cette époque, il a des coliques
assez vives et de la constipation ; néanmoins, l'appétit est
conservé.

Arrivé le 29 juin 1876.

L'examen ne révèle rien d'anormal dans la région douloureuse, le cœur est intact.

Traitement. — Bains tempérés, douches sur la région
lombaire avant le bain, eau en boisson.

Accroissement des douleurs pendant les premiers bains,
puis amélioration successive. — Au huitième jour, le malade
passe au bain chaud. — Il part le 19 juillet, absolument guéri.

C'est un des exemples de guérison les plus rapides
que j'aie observés à Châteauneuf. Il est à noter que
c'est dans les rhumatismes musculaires des lombes que
les douches paraissent le mieux réussir.

OBS. V.

Mme R..., 63 ans ; sans antécédents de goutte ni de rhumatisme du côté des parents ; constitution délicate, faiblesse générale. — Elle se plaint de raideurs dans les articulations des doigts des deux mains.

Arrivée 3 août 1875.

A l'examen, on constate des nodosités aux deux mains, surtout à la jonction de la première et de la deuxième phalanges. — La paume de la main est comme ratatinée, raccourcie dans son diamètre transversal. — Les pieds présentent également la même disposition, mais à un degré moins accentué.

Le début de l'affection remonte, dit-elle, à environ sept ans, et de jour en jour le mal a progressé.

Traitement. — Bains tempérés ; vin de quinquina avant les repas ; régime tonique ; eau des sources ferrugineuses.

La malade quitte Châteauneuf un peu moins pâle, mais il est impossible de remarquer la plus petite amélioration du côté des mains.

Mme R... revient en 1876. — Les forces paraissent meilleures, mais l'état des doigts est toujours le même ; néanmoins, elle a remarqué que son mal n'a pas augmenté, comme les années précédentes.

Même traitement.

Cette observation, malgré le peu d'amélioration obtenue chez cette malade, présente sans doute quelque intérêt, en ce que l'affection a parue enrayée par le traitement hydro-minéral. Cette maladie, que les uns ont appelée *rhumatisme goutteux* et que M. Garrod range parmi les arthrites rhumàtoïdes (*nodosités d'Heberden*), est ordinairement incurable, et c'est un véritable résultat que d'en arrêter les progrès. C'est ici qu'une cure générale reconstituante est la partie la plus essentielle du traitement.

Je pourrais citer ici bien d'autres observations de rhumatisme ; car il n'est guère de variétés qui ne se soient présentées à Châteauneuf, — où les rhumatisants forment les trois quarts de la clientèle de l'établissement appelé les Grands Bains, — il s'y présente même une foule de maladies articulaires qui n'ont absolument rien de commun avec le rhumatisme. — On n'est que trop porté, en effet, à mettre sur le compte de cette affection un grand nombre de cas qui n'ont d'autre rapport avec elle que de siéger de préférence autour des articulations. Par compensation, on se méprend malheureusement beaucoup trop souvent sur la nature de certaines affections des organes internes, qui n'ont d'autres causes que la diathèse rhumatismale.—Suivant Pidoux, l'éminent inspecteur des Eaux-Bonnes, la phthisie elle-même peut être de nature rhumatismale.

§ 2.

Après ces quelques citations de rhumatisme, voici deux dernières observations qui, bien qu'étrangères à cette affection, peuvent trouver place dans ce chapitre plutôt que dans les suivants.

OBS. VI.

M. F...... 29 ans, bonne constitution. — En tombant de cheval, il a pris une entorse au pied gauche.

Arrivé le 5 juillet 1874.

A l'examen, rien d'anormal si ce n'est un peu de gonflement au pourtour de la malléole interne, gonflement qui disparaît par le séjour au lit. — La marche n'est pas très-pénible, mais à condition qu'elle soit de courte durée.

Traitement. — Bains chauds, douches avant le bain, pendant vingt minutes. — Massages prolongés.

Au bout de 20 jours, tout gonflement a disparu, la marche est redevenue facile et M. F.... nous quitte parfaitement guéri.

Les douches appliquées ici d'une façon *résolutive* (Durand-Fardel), ont produit le meilleur résultat, mais il n'en serait point de même s'il y avait eu quelque travail latent de désorganisation commencé dans les surfaces articulaires. — Les douches ne pourraient alors qu'activer cette fâcheuse disposition et il faudrait s'abstenir.

OBS. VII.

M. G...., 17 ans, tempérament lymphatique, raideur dans le genou, qui est dans la demi-flexion.

Arrivé à Châteauneuf le 29 juillet 1875.

A l'examen, le genou présente en effet une grande raideur, mais l'immobilité n'est pas complète.

Interrogé, le malade me raconte qu'il a été soigné d'une fistule dont on voit encore la trace sur le côté interne de l'articulation. — Le genou est resté, dit-il, gros pendant

longtemps, et on a prétendu qu'il avait une *tumeur blanche.*
— Ce qu'il y a de certain, c'est qu'il paraît avoir eu une
carie osseuse de l'articulation du genou et qu'il lui est
resté une ankylose incomplète, ce qu'on peut regarder à
coup sûr comme une très-heureuse terminaison.

Traitement. — Bains prolongés. — Pas de douches. — Je
recommande de faire jouer l'articulation progressivement
chaque jour. — En même temps, régime tonique, vin de
quinquina avant les repas. — Sources ferrugineuses.

Au bout de 22 jours, cet enfant quitte Châteauneuf un
peu amélioré, le teint est de meilleur aloi, les forces plus
grandes, l'articulation peut exécuter des mouvements un
peu plus étendus.

Revenu en 1876. — Il suit le même traitement, et cette
fois-ci il arrive presque à étendre sa jambe complètement.

J'ai cité ces deux observations, parce que à côté
des rhumatisants nous voyons tous les ans arriver un
certain nombre de malades atteints d'affections intéressant plus ou moins les surfaces articulaires et
qu'ils assimilent volontiers au rhumatisme. — Nous
avons d'ailleurs toujours obtenu des résultats satisfaisants dans les entorses, les fausses ankyloses, les
raideurs articulaires, quelquefois même dans certaines
paralysies, quand elles ne tiennent pas, bien entendu,
à une lésion cérébrale.

CHAPITRE VI.

De la goutte. — La diathèse urique.

Traitements divers suivant l'état des goutteux. — Indication d'une médication reconstituante par les bicarbonatées mixtes dans la goutte atonique, et application des eaux alcalines faibles mais ferrugineuses. — Observations diverses.

On a beaucoup discuté sur la goutte, et malgré toutes les savantes théories qui ont été émises sur sa nature, il est bien difficile, pour ne pas dire impossible, d'en formuler une bonne définition.

Voici néanmoins celle qu'on en donne généralement :

La goutte est une maladie constitutionnelle ordinairement héréditaire, quelquefois acquise, caractérisée par la présence dans le sang d'un excès d'acide urique, par des attaques de fluxions articulaires spécifiques, et par des métastases assez fréquentes du côté des organes profonds, l'estomac, les reins, notamment.

Cette affection, à formes si diverses, est toutefois compatible avec un état de santé assez satisfaisant, et nombre de goutteux, soigneux de leur régime, arrivent à un âge très-avancé.

On s'est demandé d'où pouvait provenir cet excès d'acide urique. — Tient-il à une modalité vicieuse dans l'assimilation des substances alimentaires, à une mauvaise répartition au sein de l'organisme? ou bien est-il comme porté du dehors par une alimentation azotée trop abondante? Cette dernière hypothèse comprend de nombreux partisans, non - seulement parmi les médecins, mais même parmi les personnes étrangères à la médecine.

Il est reconnu, en effet, que la goutte est plus fréquente chez ceux qui font usage d'une nourriture fortement animalisée que chez ceux qui vivent plus spécialement de légumes. — Ici, la notion vulgaire a précédé en quelque sorte la notion scientifique.

Il y aurait néanmoins beaucoup à dire contre cette manière de voir, surtout quand l'affection est héréditaire. — Vous aurez beau, en effet, supprimer l'azote chez ces goutteux, ils n'en auront pas moins la goutte, de même que vous aurez beau priver de sucre le glycosurique, il n'en aura pas moins le diabète. — Il faudra bien alors admettre que cet excès d'acide urique a sa source dans l'organisme lui-même, vicié dans ses fonctions les plus intimes.

De là cette indication de ne pas ruiner les goutteux par une alimentation insuffisante et inaccoutumée, sous prétexte de ne pas leur fournir des matériaux d'acide urique. — Il vaut mieux, sans contredit, neutraliser en quelque sorte cet excès d'acide par une médication convenable et régulariser, autant que faire se pourra, le jeu des grandes fonctions de l'économie.

C'est ainsi que le traitement de la goutte comprend deux points de vue différents, mais solidaires l'un de

l'autre : le *traitement chimique* et le *traitement constitutionnel.*

Il est parfaitement démontré aujourd'hui que les
alcalins sont le meilleur dissolvant de l'acide urique
et des urates de soude ; et parmi eux la lithine, suivant MM. Garrod, Charcot et autres éminents praticiens, viendrait en première ligne. — Or, nous avons
dit que les eaux minérales de Châteauneuf en contiennent jusqu'à 35 milligrammes par litre, dose
énorme qui, jusqu'à plus amples recherches, n'a été
surpassée dans aucune eau minérale. — Les analyses
n'en indiquent que des traces dans les eaux de Vichy,
et à peine 4 milligrammes dans celles de Vittel et de
Contrexeville.

Châteauneuf pourrait donc donner de véritables
succès dans cette affection si redoutable de la goutte.

Je n'insisterai pas néanmoins aujourd'hui sur cette
question de la lithine, parce qu'elle est encore trop
récente et qu'elle a besoin de la sanction de nombreuses expériences.

Quant aux autres alcalins contenus dans les eaux
minérales de Châteauneuf, je ferai remarquer entr'autres que le bicarbonate de soude, ou sel de Vichy, s'y
trouve à la dose très-sensible de 2 grammes par litre,
et au point de vue de son action sur l'acide urique,
cette quantité doit être prise en sérieuse considération.
— J'ajouterai enfin que ces différentes substances
alcalines s'y trouvent combinées à une très-notable
proportion de fer, qui devient en quelque sorte comme

le correctif des effets trop altérants des alcalins, et un précieux adjuvant chez les anémiques.

Il n'est pas de médecin qui ne sache combien l'administration des eaux alcalines fortes, comme Vichy, Vals, est chose délicate pour les goutteux, combien il est facile de dépasser cette limite, au-delà de laquelle le sang trop alcalinisé perd ses qualités plastiques et amène cet état cachectique d'hydrémie cent fois pire que la goutte. — Que de malades améliorés d'abord par les eaux de Vichy et ayant plus tard la prétention de se passer de tout conseil médical, se sont suicidés précisément avec ces mêmes eaux qui les avait soulagés tout d'abord.

Rien de semblable avec des eaux alcalines plus faibles, mais plus reconstituantes. On traite peut-être moins directement la goutte, mais on s'occupe davantage de l'état constitutionnel.

Que conclure de tout cela, au point de vue du traitement de la goutte à Châteauneuf ?

C'est ici, je crois, qu'il faut avoir présente à l'esprit cette grande vérité : que s'il faut traiter la goutte, il faut surtout traiter le goutteux.

Le goutteux est-il pléthorique, sanguin, bien portant en dehors des accès qui ont toujours une allure franchement inflammatoire? Vichy, Vals, conviennent parfaitement; et, sous leur influence, les attaques pourront diminuer d'intensité, s'éloigner de plus en plus, quelquefois même disparaître. — J'ai bien envie d'ajouter qu'il serait peut-être aussi sage de s'abstenir de tout traitement hydro-minéral, dans la crainte de quelques métastases pires que les crises articulaires, et de s'en tenir à une hygiène bien entendue. *Une grande sobriété et beaucoup d'exercice, de manière à ce que,* comme le disait un célèbre médecin, *la dépense soit égale à la recette.*

Le goutteux présente-t-il quelques symptômes de gravelle urique, y a-t-il quelques indices de congestion du côté des reins ? Vittel, Contrexeville, avec leurs eaux diurétiques, et leurs effets de véritable lixiviation, peuvent donner de véritables succès.

Le goutteux, enfin, est affaibli, cachectique ; ses attaques sont plus douloureuses qu'inflammatoires ; il y a de la tendance à l'hydrémie, de l'atonie du côté des voies digestives, une dyspepsie bien marquée, comme une souffrance générale de tout l'organisme ; il est prudent de s'adresser aux eaux alcalines faibles, mais ferrugineuses et acidules : *aux bicarbonatées mixtes* de l'Auvergne, et Châteauneuf peut être rangé parmi les plus reconstituantes.

Comme pour le rhumatisme, il reste entendu qu'il s'agit toujours ici du traitement en dehors des accès et même le plus loin possible des accès.

OBS. VIII.

M. R..., 59 ans, constitution moyenne, teint mat, un peu de bouffisure à la face, grande faiblesse des jambes, dyspepsie.

Arrivé le 28 juin 1874.

M. R... se plaint de douleurs en ceinture qui ne le quittent presque plus depuis 2 ans. Il a été très-goutteux autrefois, dit-il, et a fait 7 à 8 saisons de Vichy dont il a retiré le plus grand bien. Les doigts des deux mains et le gros orteil du pied gauche présentent en effet des traces de tophus non équivoques. Il avait des crises de goutte plusieurs fois l'an ; mais aujourd'hui son mal a changé et, suivant lui, il a maintenant un rhumatisme des reins. C'est pour cela qu'il est venu à Châteauneuf. Les digestions sont parfois très-difficiles ; il y a de la dyspepsie, des douleurs de tête surtout en arrière. Le ventre est souvent ballonné ; il y a de la constipation. J'essaie, mais en vain, de persuader à M. R... que c'est encore sa goutte qui donne lieu à ces divers symptômes, et nous commençons le traitement.

Traitement. — Bains tempérés, douches sur les pieds et sur les mains, eau de la Pyramide en boisson.

Au neuvième jour, survient une crise du côté des urines, qui sont rougeâtres, sédimenteuses. Rien du côté des mains et des pieds, mais l'appétit paraît meilleur, la digestion plus facile. Rien de nouveau à noter jusqu'au départ, et M. R... nous quitte au bout de 17 jours, à moitié satisfait, car il souffre toujours de ses douleurs de reins.

Néanmoins je le retrouve l'année suivante de fort bonne heure : il m'avait précédé à la station. Il me raconte que vers le mois d'octobre ses douleurs se sont beaucoup améliorées, et que depuis il n'a presque pas souffert, si ce n'est de quelques crises légères à l'orteil gauche. Son teint est meilleur, il n'a plus de faiblesses dans les jambes, sa constitution en général s'est fortifiée.

Même traitement. — Saison de 24 jours : rien à noter.

Une troisième année ramène M. R... L'état général est encore très-satisfaisant, mais les crises articulaires continuent, plus courtes, mais avec un caractère franchement inflammatoire. En dehors de ces accès, la santé est excellente.

J'ai cité avec plaisir cette observation parce qu'elle me paraît bien rentrer dans le cadre des idées que je soutenais dans ce chapitre.

Voilà un goutteux dont l'affection avait pris un caractère d'atonie marquée, il y avait de la dyspepsie, de la faiblesse générale ; la constitution était délabrée, le sang appauvri. Je ne prétendrai pas que les eaux de Vichy en étaient seules la cause, car je crois qu'on a un peu abusé de la prétendue action fluidifiante du sang par les admirables eaux de Vichy, mais je ne serai pas contredit en affirmant que l'indication la plus pressante du traitement était de tonifier le malade, de restaurer l'état général, et ici les eaux reconstituantes de Châteauneuf (*Véritables lymphes minérales,* Gubler) ont joué un rôle des plus salutaires. Sous leur influence l'état général s'est amélioré, et la goutte a pu reprendre son caractère *sthénique,* redevenir franche et partant sans dangers immédiats.

Notons en passant que les douches sur les pieds et les mains ont paru aider à cette crise favorable.

OBS. IX.

M. A..., 47 ans, issu d'un père goutteux, constitution moyenne, tempérament nerveux.

Arrivé le 3 juillet 1875.

Depuis une dizaine d'années, M. A... a la goutte, ce que

témoignent d'ailleurs suffisamment les articulations des doigts et du poignet, surtout à droite. Les accès le prennent seulement 3 à 4 fois par an et paraissent presque toujours coïncider avec quelque changement dans la température. Depuis un an ils semblent avoir diminué de violence, mais M. A... a presque constamment des crampes d'estomac, des maux de tête, comme une sensation de pesanteur dans la légion épigastrique, sensations que soulage quelquefois l'application de sinapismes. L'appétit est diminué ; il y a un peu d'hypocondrie.

Traitement. — Bains tempérés, douches générales révulsives sur tout le corps, eau du Petit-Rocher, promenades longues.

Presque à partir des premiers jours du traitement, le malade est pris de sueurs assez abondantes à la suite du moindre exercice. Je conseille néanmoins de continuer les promenades et de prendre le plus de mouvement possible. Sous cette influence, l'appétit prend peu à peu de la vigueur en même temps que les sueurs deviennent plus rares et moins copieuses, les crampes d'estomac moins fréquentes.

Vers la fin de la saison, à la suite d'une promenade dans laquelle il s'est mouillé les pieds, M. A .. est pris d'une crise de goutte assez violente. Tout traitement hydrominéral devient dès lors impossible, et il quitte Châteauneuf.

De retour en 1876, vers la fin de la saison, M. A... ne s'est plus ressenti de ses douleurs gastralgiques, l'appétit a été constamment bon ; il n'a eu que deux crises, mais assez fortes, dit-il, et comme aux premiers temps de sa maladie.

Même traitement. — Douches générales révulsives : aucun incident à noter. M. A... quitte Châteauneuf dans un état excellent et le moral complètement relevé.

Comme dans l'observation précédente, les eaux reconstituantes de Châteauneuf paraissent avoir rendu à la goutte son caractère de franchise, sa marche normale, en tonifiant la constitution. En tous cas, elles ont débarrassé le malade d'une gastralgie goutteuse des plus pénibles.

Je le répète, je crois que Châteauneuf peut rendre de véritables services chez les goutteux dont l'affection n'a pas une allure franche et où il y a quelques complications du côté des voies digestives, chez ceux en général dont la constitution a besoin d'être restaurée par un traitement reconstituant.

CHAPITRE VII.

De quelques dermatoses de nature arthritique.

Observations.

A la suite de la goutte et du rhumatisme viennent se ranger un certain nombre de dermatoses qui souvent coïncident ou alternent avec les symptômes de ces deux affections et que pour cette raison on a rattachées à l'arthritis.

Il n'est pas douteux aujourd'hui que la plupart des maladies de la peau ne sont que des manifestations d'un état diathésique ; et que par conséquent pour guérir la lésion locale il faut atteindre l'état général. Ainsi, en présence d'un eczema, par exemple, il faudra rechercher s'il dépend du vice dartreux, scrofuleux, arthritique, et le traitement variera essentiellement suivant la nature du mal. Aux scrofuleux, les eaux arsénicales ; aux dartreux, les sulfurées ; aux arthritiques, les alcalines.

Ici l'examen consciencieux du malade, ses antécédents héréditaires, enfin les autres symptômes concomitants pourront seuls mettre sur la voie de la vérité. Car, il faut bien le reconnaître, l'examen local est souvent ici un moyen de diagnostic incertain, et s'il est quelques dermatoses présentant *de visu* des caractères spécifiques bien tranchés, il en est beaucoup d'autres dont il est absolument impossible de déchiffrer la nature.

En résumé, dans une affection de la peau, si le malade a présenté autrefois ou présente actuellement quelques symptômes de goutte ou de rhumatisme, il est infiniment probable qu'il s'agit d'une arthritide. Les alcalins dans ce cas produisent les meilleurs résultats et la théorie de *l'arthritis* se trouve ainsi comme vérifiée par le traitement. *Naturam morborum curationes ostendunt.*

Aujourd'hui un grand nombre de dermatoses, dirigées autrefois vers les eaux sulfurées, sont envoyées avec succès aux eaux alcalines, et parmi elles les bicarbonatées mixtes, ferrugineuses et *lithinées* de Châteauneuf peuvent rendre de véritables services.

—

Nous avons rarement l'occasion de voir des maladies de la peau, et si j'ai parlé ici des dermatoses de nature arthritique, c'est à cause de leur relation avec la goutte et le rhumatisme dont nous avons traité plus haut. Il y a tout lieu de croire cependant qu'à une époque très-éloignée on soignait des maladies de la peau à Châteauneuf, et le titre de Bains-des-Galeux, qu'a conservé pendant longtemps un des Etablissements, semblerait l'indiquer.

Voici, néanmoins, une observation intéressante d'eczema que je transcris ici telle que je l'ai envoyée l'année dernière à la Société d'hydrologie médicale de Paris (*Notes et observations sur Châteauneuf*, 1875).

OBS. X.

M. G..., 42 ans, cultivateur, habitant un village voisin de Châteauneuf, vient me consulter pour une hernie qu'il porte depuis environ 10 ans, et qui donne lieu à de fréquentes coliques. Cette infirmité, bien entendu, n'a rien à voir avec les eaux minérales.

Tout en examinant ce malade, je remarque qu'il présente tout autour de la joue et de l'oreille gauches des croûtes bien manifestes d'eczema rubrum. Je l'interroge et il me raconte que voilà près de 3 ans qu'il a ces croûtes sur la figure ; « elles passent, elles reviennent, dit-il, mais je n'en suis nullement incommodé.·» Je lui demande s'il n'a jamais eu de rhumatisme, et il me dit qu'à l'âge de 20 ans il a eu une attaque de rhumatisme qui lui a paralysé tous les membres et qu'il est resté alité pendant plusieurs semaines. Malgré ce long espace de temps, y avait-il quelque rapport entre cette crise rhumatismale et l'eczema actuel ? Je pensai immédiatement aux arthritides de M. Bazin et j'engageai cet homme à suivre un traitement à Châteauneuf.

Il vint tous les jours prendre un bain et boire de l'eau de la source Chevarier. Les plaques d'eczema pâlirent rapidement, et au bout de 20 jours il ne restait plus qu'une légère rougeur superficielle.

Chez le malade, la guérison, on le voit, a été complète. Néanmoins je n'ajouterai aucun commentaire parce qu'il faudrait de nombreuses observations pour pouvoir en déduire des conclusions suffisamment fondées. Je dirai toutefois que dans le traitement des dermatoses il faut éviter, je crois, les hautes thermalités, et n'avoir recours aux bains minéraux que lorsque l'affection cutanée ne présente aucun degré d'excitabité, et qu'elle revêt principalement la forme sèche. Dans les formes humides, on risquerait trop d'exaspérer le mal, à moins qu'on espère provoquer une inflammation substitutive, comme il arrive fréquemment avec les eaux sulfurées. Règle générale, le traitement des dermatoses demande la plus grande circonspection.

Pour en revenir à Châteauneuf, je crois que nos eaux reconstituantes, alcalines, faibles et lithinées, pourraient donner de sérieux résultats dans le traitement des arthritides.

CHAPITRE VIII.

Maladies des voies digestives.

Dyspepsie. — Gastralgie. — Entéralgie.

Chloro-anémies. — Névropathies.

OBSERVATIONS DIVERSES.

Je réunis à dessein dans un même chapitre ces diverses affections parce qu'elles sont très-souvent associées l'une à l'autre, présentent de nombreux points de contact, et concourent souvent à former comme un ensemble dans l'état des malades.

On admettra d'autant mieux cette réunion si l'on songe que les eaux minérales constituent de leur côté une *médication d'ensemble* s'adressant d'ordinaire non pas seulement à un symptôme particulier, mais plutôt à l'état général. C'est précisément le cas des eaux de Châteauneuf.

Ces diverses affections ne sont-elles pas, d'ailleurs, souvent causes et effets les unes des autres? Les troubles des voies digestives n'amènent-ils pas bien souvent l'anémie, la névropathie, et le névrosisme à son tour n'est-il pas une cause fréquente de dyspepsie, de chlorose, d'anémie, souvent très-rebelles. Il y a donc un lien étroit entre ces différentes maladies, et leur traitement doit marcher de pair dans une médication bien entendue.

§ 1.

MALADIES DES VOIES DIGESTIVES.

Il est évident qu'il ne peut s'agir ici de ces affections dans lesquelles existe une altération organique, comme dans le cancer de l'estomac et des intestins. — Le mal est ici au-dessus des ressources de l'art, et le traitement hydro-minéral ne peut être d'aucune utilité, si ce n'est peut-être comme palliatif à titre de reconstituant.

Dyspepsie. — Le mot dyspepsie veut dire : mauvaise digestion. Quand, après avoir mangé, on est pris d'une sensation de pesanteur plus ou moins douloureuse à l'épigastre, de baillements, d'éructations, de céphalalgie, d'accablement, on est dyspeptique. — Cet état se prolonge d'ordinaire pendant toute la digestion, puis tout rentre dans l'ordre jusqu'à ce qu'un nouveau repas vienne réveiller de nouvelles douleurs.

La dyspepsie est souvent le symptôme d'un état diathésique général, d'autres fois elle est l'accompagnement forcé de souffrances de quelque organe voisin ; d'autres fois enfin elle ne paraît se lier à aucun trouble important de l'organisme.

De là cette division : en dyspepsie *symptômatique* et en dyspepsie *essentielle*.

On a fait encore bien d'autres classifications de la dyspepsie et à des points de vue très-divers, car il n'est peut-être pas d'état pathologique qui présente plus de variétés. Ainsi, relativement à quelques symptômes spéciaux, il y a la dyspepsie *acide flatulente atonique;* relativement à l'état constitutionnel, il y a la dyspepsie *goutteuse rhumatismale* (arthritique, si l'on admet la théorie de l'arthritis), la dyspepsie *herpétique scrofuleuse syphilitique.*

Au milieu de toutes ces variétés, quelles sont celles qui peuvent devenir plus spécialement tributaires de Châteauneuf?

Si l'on se souvient de ce que nous avons dit à propos de l'arthritis, il n'est pas douteux que les dyspepsies arthritiques pourront retirer les meilleurs effets de nos eaux minérales, et nous ne reviendrons pas sur cette question, qui se lie au rhumatisme et à la goutte, dont nous avons déjà parlé.

Quant aux autres formes, comme les dyspepsies *acides flatulentes atoniques,* d'ordinaire si rebelles, elles trouvent à Châteauneuf des ressources inespérées ; et j'ai vu maintes fois de malheureux dyspeptiques finir par digérer très-convenablement, alors qu'ils avaient autrefois épuisé en vain tout l'arsenal de la thérapeutique ordinaire.

Il se produit ici un double effet : 1° *l'effet local.* Les eaux minérales, par leur alcalinité, leur acide carbonique dissous et en excès, neutralisent l'acidité des liquides de l'estomac, stimulent ses fonctions, réveillent l'appétit, facilitent la digestion ; — 2° *l'effet général* (et l'on sait bien que la plupart du temps c'est la seule manière d'atteindre l'affection lo:ale) : par le fer, les sels neutres qu'elles renferment et qu'on retrouve pour la plupart dans le serum sanguin, les eaux minérales jouent ici le rôle de reconstituants par excellence, relèvent l'organisme affaibli, et c'est ainsi qu'elles arrivent à dompter la dyspepsie atonique d'ordinaire si tenace.

Elles sont d'ailleurs dans tous les cas éminemment digestives.

Gastralgie. — La gastralgie, qu'on confond avec la dyspepsie, parce qu'elle a fréquemment beaucoup de rapport avec elle (dyspepsie gastralgique), est une névrose de l'estomac, qui procède ordinairement par crises plus ou moins aiguës, par accès ou *crampes de l'estomac.*

La plupart des causes qui amènent la dyspepsie peuvent lui donner naissance, et entr'autres le névrosisme. — C'est une maladie souvent très-rebelle, comme toutes les affections nerveuses. — Elle alterne fréquemment avec d'autres névralgies et paraît bien des fois sous la dépendance du rhumatisme ou de la goutte.

Entéralgie. — Cette affection est encore une névrose, et, comme la précédente, on la rencontre souvent associée au vice arthritique.

Toutes deux, elles trouvent de précieuses ressources dans l'administration d'eaux minérales reconstituantes et digestives. — Pour cette dernière, les bains à haute thermalité ont paru donner les meilleurs résultats.

Diarrhée chronique. — Comme pour l'entéralgie, les bains de piscine à 38° ont présenté une efficacité réelle. — Quant au traitement interne, des eaux toniques comme celles de Châteauneuf, capables d'enrichir le serum sanguin et, partant, de diminuer l'exhalation sereuse intestinale, ne peuvent produire que les meilleurs effets.

Nos eaux d'Auvergne peuvent, dans ces affections, l'emporter sur celles de Carlsbad, tant vantées cependant, mais qui contiennent peut-être un peu trop de sulfate de magnésie et par conséquent sont trop laxatives.

OBS. XI.

Mme C..., 27 ans, frêle, délicate, — Teint pâle, sans antécédents héréditaires d'aucune sorte. — Parents bien portants.

Mme C... se plaint de ne plus pouvoir manger sans éprouver après son repas un malaise tel qu'elle se sent comme anéantie, — c'est sa propre expression. — Elle éprouve alors une pression terrible au creux de l'estomac ; en même temps arrive de l'étouffement, un violent mal de tête et comme une envie de dormir, mais sans pouvoir se livrer au sommeil. — Cet état, heureusement, se dissipe au bout de quelques heures, et sa disparition est ordinairement précédée de renvois plus ou moins acides. — D'autres fois elle a, pendant la digestion, de véritables spasmes nerveux, — elle ne peut alors supporter aucune société, pas même celle des personnes qui lui sont les plus chères.

Elle fait remonter la cause de son mal à la mort d'un enfant qu'elle perdit, il y a environ 18 mois, à l'âge de quatre ans.

Arrivée le 5 juillet 1875.

A l'examen, le creux épigastrique ne présente rien d'anormal. — Il n'y a même aucune sensibilité à la pression. — Pouls fréquent et petit. — Bruit de soufle à la base du cœur. — Menstrues régulières mais décolorées. — Appétit presque nul. — Forces languissantes. — Moral très-affecté.

Traitement. — Bains frais très-courts, douches générales sur tout le corps, — Eau du Petit-Rocher, eau de Chambon à doses progressives. — Eau minérale pendant les repas. — Exercice, promenades.

Les premiers bains sont d'abord assez mal supportés; la réaction se fait difficilement et il survient une migraine assez vive. — Le traitement est suspendu pendant deux jours. — A l'intérieur, toutefois, les eaux minérales sont assez bien tolérées, et le changement le plus saillant consiste dans la disparition des renvois acides, qui d'ordinaire terminaient la crise dyspeptique. — La malade semble alors reprendre courage, et, avec une bonne volonté, un entrain dont je l'aurais cru incapable, elle poursuit son traitement hydro-minéral.

Peu à peu les forces reparaissent, le teint devient moins pâle, l'appétit renaît et M^mo C..., qui menait depuis deux ans une vie très-sédentaire, peut faire quelques promenades même assez longues. — Elle nous quitte au bout de 23 jours à peu près guérie.

Parmi bien d'autres observations de dyspeptiques dont nous voyons tous les ans un certain nombre et qui forment avec les rhumatisants la majeure partie de la clientèle de Châteauneuf, j'ai choisi celle-là parce qu'elle me paraît appuyer ce que j'avançais au commencement de ce paragraphe : c'est-à-dire l'association fréquente de la dyspepsie, de l'anémie et du nervosisme.

Mme C.... présentait évidemment ces trois états associés l'un à l'autre, réagissant l'un sur l'autre et nécessitant, comme je le disais, une médication d'ensemble. — L'anémie devait céder quand les fonctions digestives et nutritives auraient reconquis leur intégrité et rendu au sang ses matériaux essentiels. — Par suite, la névropathie concomitante devait disparaître et le système nerveux reprendre son équilibre perdu. *Sanguis moderator nervorum.*

OBS. XII.

M. P...., 51 ans, employé de bureau, — bonne constitution.

Chez ce malade, la digestion est un peu douloureuse, à peine un peu de pesanteur à l'épigastre ; mais elle est très-longue et même, au bout de 4 à 5 heures, il a des regurgitations d'aliments absolument non digérés. — L'estomac est paresseux, il y a de la constipation, fréquemment de la céphalalgie.

Traitement. — Eau du Petit-Rocher.

Au bout de dix jours, M. P...., réclamé pour quelques affaires urgentes, est obligé de nous quitter. Mais il reparaît vers la fin de la saison et avec d'autant plus de plaisir que, dit-il, il a déjà éprouvé du soulagement : il digère mieux et n'a presque plus de maux de tête.

Au bout de 12 jours, il repart tout à fait guéri.

OBS. XIII.

M. P..., 40 ans, commerçant. — Teint coloré. — Embonpoint. — Son père est rhumatisant. — Il se plaint de douleurs très-vives au creux de l'estomac, qui le prennent d'ordinaire vers les neuf heures du soir et se prolongent pendant plusieurs heures avec des alternatives diverses d'intensité. — Il n'a d'autre moyen pour se calmer que de se serrer fortement le pourtour de la poitrine avec un bandage roulé, ou de manger si c'est possible. — L'opium, le sulfate de quinine ont paru le guérir à plusieurs reprises, mais n'ont pu déraciner le mal. — Il est souffrant depuis deux mois.

Arrivé le 1er juillet 1876

Après avoir interrogé ce malade, j'apprends que son père est rhumatisant et que lui-même a fréquemment, pendant l'hiver, des douleurs vagues dans les articulations des deux épaules, avec une sensation de raideur dans les muscles du cou.

Ces douleurs néanmoins ne l'ont jamais empêché de travailler. — Elles sont, dit-il, très-supportables et rien en comparaison de ce qu'il souffre pendant ses crises à l'estomac — Je diagnostique une gastralgie de nature rhumatismale.

Traitement. — Bains tempérés un peu prolongés. — Pas d'eau minérale en boisson pendant les premiers jours ; puis après quelques bains, eau de la source du Pré, 3 verres par jour. — L'eau est assez mal tolérée les premiers temps, le malade éprouve comme des envies de vomir ; ses crises continuent, mais les accès ne paraissent plus à la même heure et ont perdu tout caractère de périodicité.

Le traitement continue sans incident, mais aussi sans grande amélioration, et M. P.... quitte Châteauneuf peu satisfait.

Je vois néanmoins M. P.... revenir l'année suivante, et il me raconte qu'au bout de trois à quatre semaines les douleurs l'ont quitté et qu'il s'est cru presque guéri ; mais depuis un mois il souffre de nouveau de l'estomac et de l'épaule droite, — ses douleurs toutefois sont très-supportables, en comparaison de celles de l'année dernière.

Même traitement. — Bains tempérés pendant 8 jours, puis bains chauds. — Amélioration.

Une troisième année ramène M. P..., cette fois-ci, ce ne sont plus que des douleurs vagues dans les genoux, quand la température va changer, — l'estomac est libre, — le sommeil excellent.

Il y a eu chez le malade un progrès lent mais réel, — la gastralgie a disparue, il ne lui reste plus que quelques douleurs rhumatoïdes, qui seront sans doute difficiles à faire disparaître complètement ; car, quand le rhumatisme a envahi notre organisme, il lâche difficilement sa proie, surtout quand il est héréditaire.

OBS. XIV.

Mme L..., 29 ans, tempérament lymphatique, faiblesse générale, face décolorée.

Elle a eu, il y a un an, une fièvre muqueuse dont la convalescence a été fort longue, — ses forces ont disparu, — l'appétit est encore languissant, il y a de l'amaigrissement, des coliques sourdes et une diarrhée qui persiste malgré tous les moyens employés jusqu'à ce jour. Règles absentes.

Arrivée le 4 juillet 1875.

Traitement. — Bains chauds, régime tonique, vin de quinquina au Malaga. — Eau de Chambon aux repas, seulement pendant les dix premiers jours, puis, avant les repas, à la dose de 2 à 3 verres.

Sous l'influence reconstituante des eaux et du régime tonique, les selles perdent peu à peu leur caractère muqueux,
l'exhalation séreuse intestinale diminue, les forces reparaissent, le teint devient meilleur, et Mme L... quitte Châteauneuf à peu près guérie, l'aménorrhée néanmoins a per-
sisté.

Il eut été intéressant de retrouver cette malade l'année
suivante. — Je ne l'ai plus revue.

§ II.

CHLORO-ANÉMIES. — Anémie, Chlorose.

On peut, sans inconvénient, réunir dans un même
paragraphe la chlorose et l'anémie, parce que leur
traitement hydro-minéral est le même, et que toutes
deux elles sont du domaine des eaux ferrugineuses
reconstituantes.

Anémie. — L'anémie reconnaît bien des causes
diverses. Tantôt elle est la conséquence de pertes de
sang répétées, comme dans les hémorrhagies du poumon, de l'estomac, des intestins, de l'utérus, etc.....
Ce sont les cas les plus simples, et la plupart du temps
un régime tonique fortifiant suffit à redonner au sang
ce qu'il a perdu en quantité et en qualité.

Tantôt elle est le résultat d'une vie sédentaire ren-
fermée, du manque absolu d'exercice, d'une sorte
d'étiolement produit par de mauvaises conditions
hygiéniques.

C'est l'anémie *essentielle, consomptive* de quelques
auteurs.

D'autres fois, elle est la conséquence de désordres sérieux du côté des organes digestifs ou du côté des fonctions respiratoires : la nutrition se faisant mal, le sang manque des matériaux nécessaires à son intégrité; la respiration étant entravée dans son mécanisme, l'hématose se fait d'une façon incomplète, et le sang n'est plus suffisamment oxygéné, vivifié avant d'être distribué dans le torrent circulatoire.

C'est l'anémie *symptômatique*.

Enfin, l'anémie est l'accompagnement forcé d'une foule de maladies chroniques qui ont plus ou moins altéré la constitution.

Chlorose. — Quant à la chlorose, qui d'ordinaire se complique d'anémie ou tout au moins y mène rapidement, elle peut être aussi le résultat de mauvaises conditions hygiéniques, mais elle est très-souvent la conséquence de troubles du côté des organes génitaux, surtout à l'époque de la puberté. Elle est fréquemment aussi le produit de perturbations morales dans l'ordre affectif. A ce dernier point de vue, elle se distingue de l'anémie en ce qu'elle peut éclater subitement, et sous ce rapport elle a un lien étroit avec les névropathies, dont elle est une des formes.

Je n'entreprendrai pas de faire ici la description de l'anémie, de la chlorose, des chloro-anémies, si fréquentes surtout chez les femmes et les jeunes filles. Il n'est pas de médecin qui n'ait présents à l'esprit les divers symptômes qui les caractérisent : pâleur, essouflement, palpitations, céphalalgie, troubles nerveux variés, décoloration des règles, aménorrhée ou dysménorrhée. — J'ai hâte d'arriver au traitement.

Tout le monde sait que le fer est en quelque sorte le spécifique de ces affections ; aussi les eaux ferrugineuses jouissent-elles dans leur traitement d'une réputation méritée.

Mais quelles sont les sources auxquelles on devra accorder la préférence ? — Ecoutons ce qu'en dit M. Gubler, l'éminent professeur d'hydrologie médicale :

« Toutes les eaux martiales n'ont pas, à beaucoup
» près, la même valeur, et cette valeur ne se mesure
» pas uniquement à la dose du principe ferrugineux
» qu'elles renferment. Sous le rapport de l'efficacité,
» j'en distingue trois catégories : au bas de l'échelle,
» les eaux ferrugineuses dépourvues de gaz ; au-dessus,
» les eaux martiales gazeuses, et au premier rang les
» eaux complètes salino-martiales et gazeuses tout à
» la fois.

» Les eaux martiales non gazeuses sont souvent
» très-riches en fer, mais elles sont plus lourdes à
» l'estomac parce qu'elles manquent de leur condiment
» naturel : *l'acide carbonique.*

» Au-dessus de toutes les eaux ferrugineuses, qu'elles
» soient ou non chargées de gaz, le médecin doit placer
» celles qui joignent à ces deux principes la réunion
» de tous les sels neutres du serum sanguin, *véritables*
» *lymphes minérales* dont la France possède les prin-

» cipaux spécimens. » — (Gubler, *Du traitement hydriatique des maladies chroniques*.)

Et il cite parmi les principaux spécimens les eaux minérales de Châteauneuf, dont nous avons démontré ailleurs le caractère tonique et reconstituant.

Je rappellerai ici, pour mémoire, que ces eaux contiennent de 20 à 60 centigrammes de sels de fer par litre, dose très-notable et dépassée de fort peu par les sources ferrugineuses très en vogue, quoique moins riches en acide carbonique.

Si maintenant, à côté de ce caractère ferrugineux, nous rappelons qu'elles contiennent une quantité considérable de lithine, leur emploi se trouve doublement indiqué dans toutes les chloro-anémies des arthritiques, et tel goutteux cachectique affaibli pourra y trouver la médication spécifique qui lui convient, en même temps qu'une médication générale reconstituante.

OBS. XV.

Mme R..., 23 ans, forte constitution. — Elevée à la campagne et mariée à la ville, elle me raconte que depuis son mariage elle a été presque toujours malade, car elle habite, dit-elle, une maison sombre et manquant d'air. Depuis quelques mois spécialement, elle digère très-mal, son sommeil est mauvais, et ses forces, très-robustes autrefois, considérablement diminuées.

Arrivée le 9 juillet 1875.

A l'examen, en effet, elle paraît très-abattue; il y a de la pâleur, de l'essoufflement à la montée du moindre escalier, des bourdonnements d'oreille. — Pertes blanches, règles décolorées et comme brunâtres, dit la malade,

L'estomac, quoique digérant assez mal, n'est pas douloureux, et il n'y a aucun symptôme nerveux.

Je diagnostique une *anémie essentielle* par étiolement dans
un logement insalubre.

Traitement. — Bains frais très-courts et exercice ensuite,
eau de Chambon avant les repas, eau du Petit-Rocher
mélangée au vin; régime fortifiant.

Le traitement se passe sans aucun incident, et on peut
dire que Mme R... change littéralement à vue d'œil. — Elle
nous quitte au bout de 25 jours, absolument guérie.

Cette observation serait applicable à un grand nombre de dames de la plus haute société, qui, tout en
vivant dans de meilleures conditions sociales, observent
très-mal les préceptes d'une hygiène bien entendue,
s'enferment dans leurs salons ou leurs boudoirs, ne
sortent qu'en voiture et négligent souvent de prendre
au grand air un exercice des plus indispensables.

Les névropathies, les états de langueur, les maux
d'estomac, dont elles sont si souvent affectées, ne
reconnaissent la plupart du temps pas d'autre cause.

OBS. XVI.

M. C..., 32 ans, tempérament lymphatique. — Il souffre
depuis deux ans de pesanteur d'estomac après ses repas;
il a perdu ses forces, et il est incapable de se livrer à aucun
travail sérieux. La rédaction d'une lettre même, dit-il, le
fatigue au dernier point. — Spasmes nerveux.

Arrivé 15 juillet 1876.

A l'examen, pâleur générale de la face, bruit de souffle
à la base du cœur, tintements et bourdonnements d'oreille.

Saignements de nez fréquents. On a eu la malheureuse idée de lui appliquer des sangsues au creux de l'estomac, et bien entendu son mal n'a fait que s'accroître.

Traitement. — Bains frais très-courts, douches générales, eau du Petit-Rocher, eau de Chambon ; régime tonique.

M. C... nous quitte au bout de 18 jours, beaucoup trop tôt sans doute, mais très-amélioré ; l'état général paraît en bonne voie.

Cette observation aurait sans doute aussi bien trouvé sa place à l'article Dyspepsie ou Névropathie. Je l'ai pourtant classée ici parce que le symptôme dominant paraissait être l'anémie. Mais tout au moins elle démontre une fois de plus combien ces différentes affections sont souvent associées l'une à l'autre et sous une dépendance mutuelle.

OBS. XVII.

Mlle B..., 19 ans, grande, mince, tempérament lymphatique.

La mère me raconte que, depuis six mois, les règles ont disparu sans qu'elle puisse en préciser la cause ; et depuis cette époque il y a de fréquentes douleurs d'estomac, surtout au lever, le matin ; sommeil très-léger, appétit capricieux. Sa fille ne pourrait, dit-elle, supporter deux jours de suite la même nourriture ; elle digère parfois très-bien de la salade, un morceau de jambon cru, alors qu'elle ne pourrait supporter une aile de poulet.

Arrivée le 6 juillet 1874.

A l'examen, je constate une sorte d'abattement général, les yeux sont cernés, il y a de la céphalalgie ; le pouls est petit, misérable. Mlle B... répond à peine aux questions qu'on lui adresse. Elle paraît triste, fantasque, d'humeur changeante. Elle passe facilement, me dit sa mère, de la joie la plus exubérante au désespoir le plus profond.

Traitement. — Bains frais très-courts, douches générales révulsives; exercice ensuite; eau du Petit-Rocher et eau de Chambon.

Les deux premiers jours du traitement, malgré mes craintes, Mlle B... accepte très-bien ces prescriptions, elle paraît même enchantée. — Le troisième jour, je suis appelé en toute hâte : une crise nerveuse terrible était survenue. Cependant, tout rentre bientôt dans le calme, et le surlendemain elle reprend le traitement interrompu, mais cette fois-ci sans entrain et comme avec appréhension. Le quatorzième jour, nouvelle crise violente. Mlle B... veut partir. Je ne m'y oppose point, je le conseille même, persuadé que dans ces sortes d'affections la nostalgie serait mortelle, ou tout au moins la pire des complications.

C'était une saison bien courte, néanmoins elle devait produire les meilleurs résultats. Sans effets apparents immédiats, elle a été pourtant comme le signal d'une amélioration qui a commencé quelques semaines après le départ de Châteauneuf.

L'année suivante, Mlle B... reparaît. — Cette fois-ci, il n'y a plus de crises nerveuses; les règles sont venues, mais sans régularité et toujours avec une décoloration assez sensible; il y a encore un peu de faiblesse, d'essouflement et de pâleur. En un mot, il y a encore un peu de chlorose. Néanmoins, c'est un progrès sensible et nous pouvons suivre un nouveau traitement sans encombre. — Mlle B... quitte Châteauneuf à peu près guérie.

Comme dans le cas précédent, cette observation présente plusieurs côtés pathologiques, et elle pourrait tout aussi bien trouver sa place à l'article Névropathies. Je l'ai néanmoins classée dans ce paragraphe, parce que le point de départ de cet état complexe a été la chlorose.

§ III.

NÉVROPATHIES.

Nous disions, en commençant ce chapitre, que les dyspepsies, les chloro-anémies, les névropathies pouvaient être à la fois causes et effets les unes des autres. — Rien n'est plus vrai, et il n'est pas rare de voir les maladies des voies digestives amener la névropathie, de même que celle-ci à son tour est une cause fréquente de troubles du côté de l'estomac. Les maladies graves de cet organe n'ont souvent point d'autre origine.

Pour faire l'histoire des névropathies ou en donner même une description sommaire, il faudrait ici écrire des volumes, car elles présentent les plus grandes variétés, et il n'est peut-être pas deux névropathiques qui éprouvent exactement les mêmes symptômes.

C'est ordinairement chez les femmes, dont le système nerveux est en général plus impressionnable que celui des hommes, que se rencontrent ces affections. — Une émotion morale vive suffit quelquefois à les faire naître et à amener les troubles les plus divers ; depuis le simple agacement nerveux jusqu'aux douleurs les plus atroces ; depuis la tristesse, l'hypocondrie, jusqu'aux manies les plus bizarres. Les difficultés de la menstruation, la grossesse, l'allaitement, sont d'ailleurs des causes puissantes de névropathie.

Chez les hommes, moins richement dotés sous le rapport du système nerveux, cette affection est plus rare. On la rencontre néanmoins quelquefois chez les dyspeptiques, les goutteux, les rhumatisants, et dans ces cas elle est presque toujours liée au vice arthritique. — La manie rhumatismale, dont on a tant parlé dans ces derniers temps, serait ainsi une des formes de la névropathie, à moins. qu'elle ne soit le résultat de quelques complications assez obscures du côté des séreuses du cerveau. Mais ce n'est pas le lieu de traiter ici cette question.

Quel traitement entreprendre contre la névropathie, contre une maladie à formes si diverses? — A parler franchement, je ne crois pas qu'il existe aucune eau minérale spécifique des affections nerveuses. Le calme de l'esprit, de meilleures conditions hygiéniques, des bains frais, quelquefois des bains tièdes prolongés, l'hydrothérapie, tels sont les moyens les plus usuels dans les cas les plus simples. Mais si la névropathie se rattache à quelque diathèse constitutionnelle, à quelques troubles du côté des voies digestives, à l'anémie, à la chlorose, par exemple, il est évident que l'objectif du traitement devra être les diverses affections causales. Mais nous ne reviendrons pas sur cette question, parce que nous en avons parlé précédemment. Il en sera de même s'il s'agit de l'aménorrhée, de la dysménorrhée et de toutes les affections de l'utérus. Ce sont elles qu'on devra atteindre si l'on veut avoir raison de la névropathie, dont elles sont le point de départ.

Quant aux névropathies des arthritiques, il est évident que des eaux minérales qui donnent des succès dans le rhumatisme, la goutte, pourront trouver ici la plus utile application.

J'ajouterai, en terminant, qu'il n'est peut-être pas de malades plus difficiles à soigner que les névropathiques, et qui nécessitent plus de patience de la part du médecin, et c'est ici surtout que se trouve applicable cet axiome : que s'il faut traiter la maladie, il faut surtout traiter le malade. Je crois que les moyens les plus divers peuvent réussir. Si les bains frais et courts sont efficaces, les bains tièdes prolongés donnent aussi d'excellents résultats. Les douches sous toutes les formes sont également une précieuse ressource.

OBS. XVIII.

Mme G...., 28 ans, constitution moyenne, tempérament lymphatique.

Son mari raconte que, depuis dix-huit mois, elle est sujette à des crises nerveuses qui la prennent à la suite de la moindre émotion. Il suffit, dit-il, de l'arrivée dans la maison d'une personne étrangère pour lui faire perdre immédiatement ses esprits. Elle éprouve fréquemment comme la sensation d'un fourmillement qui commence au bas-ventre pour remonter jusqu'à la gorge; d'autres fois, c'est un poids très-lourd sur le sommet de la tête; d'autres fois enfin, comme des liquides qui lui seraient versés dans le cou ou dans le dos.

Mme G..... se couvre la tête outre mesure; elle est encapuchonnée constamment, même par une température de 30 centigrades, et il est impossible de la faire renoncer à cette déplorable habitude qui ne peut que lui être funeste en favorisant la congestion du côté du cerveau. — Personne, dit-elle, ne comprend ce qu'elle souffre; elle a suivi un grand nombre de médecins, mais sans résultat; il n'y a plus de guérison pour elle, et si elle est venue à Châteauneuf, c'est que son mari l'y a contrainte.

Arrivée le 17 juillet 1875.

A l'examen, je m'aperçois qu'il y a de l'anémie bien manifeste, un bruit de souffle à la base du cœur, de la pâleur des conjonctives. Il y a aussi par moments une dilatation extraordinaire des pupilles, des rougeurs subites, alternant avec la pâleur du visage. Au milieu de tout cela, l'appétit est encore passable, mais capricieux, bizarre. Il y a de la constipation.

Traitement. — Bains tempérés très-prolongés, douches générales, eau de la Pyramide en boisson.

Les douches sont si mal supportées d'abord, que nous sommes obligé d'y renoncer, et toutes les fois que nous avons essayé d'y revenir, il a fallu les abandonner; elles donnaient lieu, chez cette malade, à un sentiment de brûlure intolérable qui subsistait pendant plusieurs heures. Les bains, au contraire, sont très-bien supportés et produisent dès le premier jour un véritable soulagement. La constipation disparaît en même temps et les urines deviennent rougeâtres, très-sédimenteuses, de claires qu'elles étaient la plupart du temps.

A partir de ce moment, il y a une amélioration progressive. L'anémie disparaît peu à peu. Mme G.... se sent plus forte, et, vers la fin de la saison, elle a repris confiance et ne se regarde plus comme incurable, elle qui avait cru d'abord ne pouvoir jamais suivre son traitement jusqu'au bout.

Les spasmes nerveux ont disparu, et elle nous quitte dans un état très-satisfaisant.

Dans cette observation, il y a eu un symptôme qui paraît avoir été comme le signal de l'amélioration, je veux parler de la crise du côté des urines. Il serait, je crois, assez difficile d'expliquer le fait; mais il n'en doit pas moins être noté très-précicusement.

OBS. XIX.

Mlle V...., 21 ans, tempérament lymphatique.

Depuis deux ans, les menstrues sont fort irrégulières et donnent lieu à de violentes coliques au bas-ventre. Il y a de l'amaigrissement, souvent des maux de tête et comme un agacement nerveux alternant quelquefois avec des défaillances subites.

Arrivée 8 juillet 1876.

A l'examen, je constate tous les signes de l'anémie la plus caractérisée, en même temps qu'il y a quelques symptômes gastralgiques, entr'autres des crampes d'estomac survenant quelquefois brusquement et s'accompagnant d'une pneumatose très-douloureuse.

La mère de la malade fait remonter l'indisposition de sa fille à deux années, à une époque où un incendie se déclara dans une maison voisine. Elle eut une peur effroyable, et, depuis ce jour, sa santé a été perdue. Elle ne mange que du bout des lèvres, son humeur est fantasque, son esprit très-impressionable.

Traitement. — Bains frais très-courts, douches, eau du Petit-Rocher, eau de Chambon, exercice après le bain.

Nous eûmes d'abord quelque peine à faire accepter les bains; néanmoins la malade en prit son parti, et le traitement se termina sans incident sérieux à noter. Quand elle nous quitta, l'appétit était excellent, le teint meilleur, mais les règles n'avaient pas paru à l'époque où elles devaient arriver, et les crises nerveuses étaient à peu près les mêmes.

Revenue en 1876, Mlle V.... nous raconte, ainsi que nous l'avons vu dans plusieurs observations, que l'amélioration est arrivée progressivement après son départ. Elle a d'ailleurs continué à boire de l'eau du Petit-Rocher, et aujourd'hui elle est absolument guérie. Néanmoins elle veut refaire le traitement de l'an dernier. — Rien à noter. La menstruation est régulière, l'appétit excellent.

On voit que, dans ces deux observations, j'ai employé deux genres différents de balnéation. A l'une des malades, j'ai ordonné des bains frais et courts, à l'autre des bains tièdes prolongés. Je crois, en effet, que ces deux méthodes peuvent avoir leur efficacité dans les névropathies. Il est bon néanmoins de faire les remarques suivantes : si le sujet est jeune et que l'anémie soit un des symptômes dominants, le bain frais sera plutôt indiqué; s'il est impressionnable, pusillanime, que sa névropathie paraisse plutôt essentielle que symptômatique, les bains tièdes prolongés trouveront plutôt leur application.

D'une façon générale d'ailleurs, le médecin est obligé de choisir la médication qui répugnera le moins à ce genre de malades, de ne pas les brusquer, de se plier à quelques-unes de leurs exigences, de feindre même d'entrer dans leurs idées, tout en les amenant doucement à suivre ses ordonnances. En définitive, il faut qu'il sache gagner leur confiance, sans quoi sa cause est perdue.

Si je ne craignais d'entrer dans de trop longs développements et de sortir un peu du cadre médical, je dirais que souvent dans le monde on traite les névropathiques de malades imaginaires et qu'on ne les plaint pas assez, ce qui ajoute encore à leur désespoir. C'est pourtant de vrais malades, et ils souffrent même plus que les autres. Car si les lésions du système nerveux sont encore un des points obscurs de la médecine, et si nous ne pouvons toujours expliquer leurs phénomènes souvent bizarres, elles n'en existent pas moins, et le médecin tout le premier doit savoir compatir à de pareilles souffrances. En un mot, à côté du traitement physique, il ne doit pas dédaigner ce qu'on a appelé avec raison le traitement *moral*.

CHAPITRE IX.

Aménorrhée, dysménorrhée, métrite chronique.

Importance prépondérante d'un traitement général reconstituant dans ces diverses affections. — Avantage des bains de piscine dans la métrite chronique. — Observations diverses.

Si nous mentionnons ici ces diverses affections, ce n'est pas que nous pensions que les eaux de Châteauneuf puissent avoir sur l'utérus quelque action locale bien caractérisée, c'est plutôt parce qu'elles se trouvent la plupart du temps liées à un état constitutionnel qui réclame avant tout un traitement reconstituant.

Qui ne sait en effet que l'*aménorrhée*, la *dysménorrhée*, par exemple, accompagnent fréquemment la chlorose, l'anémie, le nervosisme, et que, pour en avoir raison, il faut avant tout restaurer l'organisme, remonter la constitution, sous peine d'un échec certain.

Quant à la *métrite* chronique, elle est si souvent liée au lymphatisme, elle est si souvent la conséquence même d'un délabrement de l'économie, qu'un traitement reconstituant est neuf fois sur dix l'indication thérapeutique la plus pressante.

« Dans le traitement de la métrite chronique, dit
» M. Gubler, l'état général du sujet prime souvent la
» lésion locale, et l'on doit se préoccuper de modifier
» ou de reconstituer l'économie plus encore que de
» réduire la congestion utérine ; alors on conseillera
» selon le cas, tantôt les eaux ferrugineuses, plates
» ou assaisonnées de gaz, ou bien complétées par l'en-
» semble de tous les sels neutres du sérum sanguin, et
» tantôt les eaux capables d'exercer une action méta-
» trophique ou métamorphique sur des organismes dont
» la nutrition est déviée dans le sens de la strume, de
» la dartre, de la syphilis ; seulement on fera choix de
» celles qui sont les moins stimulantes et dont l'action
» topique en injections peut être aisément tolérée. »
(*Du traitement hydriatique des maladies chroniques,*
page 25.)

Parmi les stations qu'il cite ensuite, il indique Châteauneuf comme pouvant réclamer les métrites de nature lymphatique.

Dans ces affections, les bains de piscine prolongés donnent les meilleurs résultats. C'est l'avis général de tous les médecins qui se sont occupés de l'hydrothérapie de cette maladie. M. Durand-Fardel, l'éminent professeur et médecin de Vichy, les préfère de beaucoup aux baignoires dans la plupart des cas. « Le trai» tement de la métrite chronique, dit-il, est surtout » balnéaire ; les bains prolongés et les bains de piscine » en particulier sont spécialement efficaces. » (Durand-Fardel, lettres sur Vichy.)

Quant au traitement local, je crois qu'il faut être très-sobre de douches vaginales, ou même les proscrire complètement. Car si elles ont pu donner quelques résultats dans les cas les plus bénins, elles risquent fort souvent de produire sur l'utérus un ébranlement dangereux, de faciliter les congestions, réveiller les névralgies utérines ou péri-utérines.

Il n'en est plus de même des simples injections vaginales ; elles ont véritablement quelque utilité. Elles peuvent neutraliser l'acidité des liquides qui entretiennent une irritation permanente dans cette région, et amener la guérison du *prurit vulvaire* ou même de ces *vulvites sub-aiguës*, quelquefois si douloureuses. Enfin, elles peuvent faire périr ces organismes inférieurs dont parle M. Gubler, et qui pullulent dans le pus uréthro-vaginal et y jouent, selon lui, le rôle de véritables ferments pour le rendre acide.

A ce dernier point de vue, les eaux sulfurées paraîtraient sans doute mieux convenir pour les irrigations vaginales que les eaux de Châteauneuf; mais comme traitement général constitutionnel, nos eaux minérales, avec leurs piscines nombreuses et leur précieuse gamme dans la thermalité, peuvent rendre des services incontestables.

OBS. XX.

Mlle B..., 18 ans, grande, mince, faible constitution. . Arrivée 27 juillet 1875.

A l'examen, je constate presque tous les signes de la chloro-anémie la plus évidente. Bien que Mlle B... ait déjà 18 ans, elle n'est pas encore réglée ; ce n'est cependant pas une limite bien reculée, néanmoins sa mère attribue à ce retard l'état de langueur et de faiblesse de sa fille. On a tout fait pour la guérir : on lui a administré le fer sous toutes les formes; on a eu recours à des fumigations, à des sinapismes sur les cuisses ; on est allé jusqu'à poser quelques sangsues sur la région du bas-ventre. Rien n'y a fait.

J'engage à renoncer à tout traitement local et à commencer tout simplement le traitement hydro-minéral ordinaire : bains, douches, eau en boisson.

La malade suivit son traitement avec une apathie extraordinaire, une indifférence marquée, ne se plaignant de rien et ne prenant plaisir à rien. Les forces, cependant, me parurent meilleures vers la fin de sa saison, le teint un peu plus animé. Mais Mlle B... quitte Châteauneuf sans que la menstruation ait paru.

L'année suivante ramène Mlle B.... Cette fois, elle est

8

très-bien réglée ; toutefois, la menstruation a tardé deux mois à venir après le traitement, et encore il y a eu une suspension d'un mois, en mars de cette année.

Nouveau traitement. — Guérison radicale.

OBS. XXI.

Mme C..., 27 ans, tempérament lymphatique, maigreur considérable.

Depuis son dernier enfant, qu'elle a allaité elle-même, Mme C... se sent fatiguée. La menstruation est peu abondante, difficile, irrégulière. Mme C... a en même temps des pertes blanches qui entretiennent chez elle une inflammation de la vulve des plus douloureuses.

Arrivée le 1er juillet 1874.

Traitement.— Bains tempérés, eaux minérales en boisson, injections vaginales.

Sous l'influence de ce traitement, les pertes blanches paraissent d'abord plus abondantes ; néanmoins, elles perdent rapidement leur caractère d'acidité, et la vulvite guérit en quelques jours.

De retour en 1875, Mme C... vient recommencer un nouveau traitement. Elle a encore des pertes blanches, mais la menstruation est régulière et l'état général paraît meilleur.

Même traitement.

L'année 1876 ramène de nouveau Mme C.... Il y a encore des pertes blanches, mais beaucoup moins abondantes, dit la malade, et l'état général est excellent.

Même traitement. — Rien à noter.

OBS. XXII.

Mme J..., 37 ans, grande, mince, constitution moyenne.

Il y a bien dix ans qu'elle souffre de douleurs dans le

bas-ventre, avant et pendant l'apparition de ses règles. On dirait qu'elle porte dans les aînes un poids énorme, dit-elle, et par moments elle a des douleurs en ceinture et des douleurs lombaires qui l'obligent à se mettre au lit, la station debout lui étant alors absolument impossible.

Arrivée 11 juillet 1875.

A l'examen, Mme J... présente tous les signes de l'anémie la plus avancée. Le teint est d'une pâleur jaunâtre qui fait penser tout d'abord à quelque affection organique de l'utérus. Elle n'a pourtant que 37 ans, et il est peu probable qu'il s'agisse ici d'un squirrhe utérin. Le spéculum, en effet, ne révèle rien qui vienne appuyer cette hypothèse. Il s'agit tout simplement d'une métrite ancienne. Le *museau de tanche* est comme pointillé de petites ulcérations qu'on a déjà cautérisées plusieurs fois, mais sans grand résultat. La suppuration néanmoins n'est pas très-abondante, et la vulve peu enflammée.

Du côté de l'estomac, il y a depuis longtemps des symptômes de gastralgie qui paraissent alterner avec les névralgies du bassin.

Enfin, il y a une constipation opiniâtre.

Traitement. — Bains tempérés prolongés, irrigations vaginales, eaux minérales en boisson.

Les bains produisent d'emblée les meilleurs effets. La malade s'y trouve très-bien et voudrait, dit-elle, y rester toujours. — Quant aux irrigations vaginales, soit qu'elle se les administre mal ou que réellement elles soient trop douloureuses, elle ne peut les supporter et est obligée d'y renoncer promptement.

Au bout de quelques jours, j'augmente la durée du bain, au grand contentement de la malade; et vers la fin de la saison, je lui permets de rester près de deux heures dans la piscine. Je crois d'ailleurs qu'on pourrait sans inconvénient dépasser de beaucoup cette limite. Tout cela doit varier avec l'état général des malades et la température de l'eau du bain.

Sous l'influence de cette médication et d'un régime tonique aidé par les eaux minérales en boisson, Mme J... reprit assez vite ses forces, et elle nous quitta au bout de 23 jours dans un état assez satisfaisant. Si l'inflammation utérine n'était pas encore éteinte, s'il y avait encore un sentiment de pesanteur dans les aînes, ce n'était que pendant la marche ou une station debout trop prolongée. En tous cas, en l'absence des mouvements, il n'y avait aucune douleur; l'état général paraissait en voie de s'améliorer.

Revenue l'année suivante, Mme J... a encore quelques pertes blanches assez abondantes parfois, sans qu'elle puisse en expliquer la cause; mais les douleurs ont complètement disparu, ainsi que les crampes d'estomac. L'état général paraît très-satisfaisant.

Traitement. — Bains tempérés ordinaires d'une heure, irrigations vaginales qui cette fois-ci sont très-bien supportées, eau minérale en boisson.

L'amélioration générale continue.

Je pourrais citer quelques autres observations d'*aménorrhée*, de *dysménorrhée*, de *métrite chronique*, qui toutes démontreraient que, pour rétablir la menstruation, la régulariser ou calmer l'inflammation chronique de l'utérus, le traitement reconstituant général est presque toujours l'indication la plus pressante. Ceci est surtout vrai pour la *métrite chronique*, si souvent la conséquence d'un délabrement de l'économie. — Les traitements locaux, les cautérisations entr'autres ne sont guère applicables que lorsque l'affection est peu ancienne et la malade peu affaiblie.

Il en est d'ailleurs un peu des ulcérations de la matrice comme de toutes les autres ulcérations de mauvaise nature : rien à espérer, si la constitution n'est pas modifiée. De là ces traitements interminables qui ne donnent à peu près aucun résultat tant que l'état général n'est pas amélioré.

Quant à cet état de nervosisme qui accompagne si fréquemment la métrite chronique et dont on a voulu même quelquefois en faire la cause, j'incline à croire qu'il est d'ordinaire le résultat de la lésion utérine et du trouble des voies digestives, par conséquent qu'il ne pourra disparaître que lorsque l'inflammation chronique de la matrice aura cessé, ou que l'estomac aura repris l'intégrité de ses fonctions.

En terminant, j'ai à peine besoin d'insister pour démontrer combien Châteauneuf, avec ses piscines et ses nombreuses sources, dont nous connaissons le caractère reconstituant, pourra rendre de très-réels services dans ces affections de l'appareil utérin, d'ordinaire si tenaces.

CHAPITRE X.

De la phthisie pulmonaire.

Sa marche peut être enrayée par un traitement général reconstituant. — Dangers d'une médication à outrance. — Observations diverses.

On est, je crois, trop sceptique à l'endroit du traitement de la phthisie pulmonaire. — Certes, il faut se méfier de ces guérisons de tuberculoses annoncées à grand bruit et qui n'existaient que dans l'imagination des guérisseurs ou des malades crédules et inquiets. Mais il faut bien reconnaître, néanmoins, que si on n'a pu jusqu'ici dompter cette terrible affection, on est arrivé fréquemment à en enrayer la marche et à prolonger quelquefois longtemps des existences bien menacées.

Dans la phthisie, le traitement local se réduit à peu de chose. — Nous n'avons absolument jusqu'ici aucune action locale sur le tubercule lui-même. Tout au plus pouvons-nous modifier la muqueuse bronchique, essayer de résoudre les engorgements congestifs du poumon et par là retarder l'éclosion tuberculeuse. Ici, les eaux sulfureuses paraissent douées d'une efficacité incontestable; et encore sont-elles d'une application fort délicate; car tout est question d'opportunité dans cette maladie qui présente tant d'alternatives et dans laquelle, comme le disait Grisolles : « Il faut toujours craindre de réveiller le feu endormi sous la cendre. »

J'arrive au traitement général, et c'est ici que Châteauneuf, avec ses eaux reconstituantes, peut devenir une précieuse ressource, en fournissant à l'organisme des armes pour sa longue lutte avec la tuberculose.

La phthisie est certainement une maladie héréditaire et il est difficile d'en éviter l'éclosion quand une fois on en porte le germe originel. C'est un ennemi caché, latent, qui veille sans cesse, attendant *une cause déterminante*, guettant une occasion propice pour faire son apparition. Cette occasion lui est fournie, il est vrai, par les affections intercurrentes des bronches, des poumons, de la plèvre, par certaines maladies éruptives, mais aussi bien souvent par toutes les causes débilitantes d'une mauvaise hygiène et, je dois l'avouer, aussi par certaines médications hydrominérales à outrance et absolument inopportunes. — Mais si le malade sait se maintenir dans de bonnes conditions hygiéniques, s'il sait se contenter de bonne heure d'un traitement fortifiant, il a quelque chance de voir l'éclosion de son mal retardée pour longtemps, quelquefois même indéfiniment; car on a vu des phthisiques arriver à un âge très-avancé. — Certaines autopsies ne laissent aucun doute à cet égard.

Châteauneuf ne réclame donc la tuberculose pulmonaire qu'à titre de traitement préventif, reconstituant général de l'économie.

En dehors de cette action propre à la nature de ses eaux minérales, il y a d'ailleurs à Châteauneuf quelques conditions qui paraissent favoriser le traitement de la phthisie pulmonaire : une température presque toujours uniforme, une atmosphère douce et comme imprégnée de tièdes vapeurs ; jamais de vents violents, car la station est située au fond d'une vallée profonde, toutes conditions auxquelles Trousseau attachait la plus grande importance. — Je me propose d'étudier sérieusement cette question de climatologie médicale à propos du traitement de la tuberculose du poumon, à mesure que de nouveaux faits cliniques viendront se présenter à mon observation.

Maintenant, dans quelles formes et à quel moment la phthisie peut-elle trouver quelques ressources dans nos eaux minérales ? Les données précédentes font pressentir que Châteauneuf conviendra surtout chez les sujets lymphatiques strumeux, dont les digestions sont languissantes, le sang appauvri, la nutrition générale en souffrance, chez les goutteux, les rhumatisants, dont les phénomènes fibriles de la phthisie alternent assez souvent, suivant Pidoux, avec les manifestations arthritiques.

Voilà pour l'indication constitutionnelle et diathésique.

Quant à l'indication tirée plus spécialement de l'état local, il nous faudrait ici décrire sommairement les divers degrés par lesquels passe la tuberculisation pulmonaire, et le cadre de cette étude ne comporte pas d'aussi longs développements. — Nous dirons simplement que les eaux minérales de Châteauneuf conviennent toutes les fois qu'on veut obtenir un effet de sédation, qu'il faut empêcher d'éclater les accidents inflammatoires, qu'il y a menace d'*erethisme*, suivant l'expression assez souvent employée.

Il est bien entendu qu'il faut s'abstenir de tout traitement hydro-minéral quand l'affection prend une forme aigue, une allure rapide, *galopante ;* et bien souvent la raison de nombreux insuccès et morts rapides qu'on observe fréquemment, c'est qu'avant de s'engager dans le traitement hydro-minéral, on n'a pas su découvrir ces phénomènes d'acuité. La médication thermale ne peut être alors que le coup de fouet qui va activer le travail du poumon, l'étincelle qui va allumer l'incendie.

En résumé, à l'aide du traitement sédatif en même temps que tonifiant de Châteauneuf, on peut espérer d'enrayer le mal pendant la première et la seconde période, quelquefois même pour de longues années.— Dans la troisième période, le traitement tonique n'est plus qu'un faible palliatif, retardant à peine l'issue fatale.

OBS. XXIII.

Mlle X..., 24 ans, tempérament lymphatique, teint pâle, constitution un peu affaiblie.

Elle a perdu de très-bonne heure sa mère qui est morte phthisique. Sa tante et son frère ont également succombé à cette affection ; et elle-même, avec une apparence de raison, se croit atteinte de la même maladie.

A l'auscultation, je constate au sommet des poumons une obscurité assez prononcée ; l'inspiration est faible, et l'expiration, au contraire, rude et prolongée. Il y a de la matité bien manifeste. Le côté gauche présente les mêmes symptômes, mais à un degré moins avancé. Il y a de l'essoufflement.

Ce sont bien là des signes qui, joints aux antécédents héréditaires de la malade, peuvent faire craindre très-légitimement la tuberculose pulmonaire. Néanmoins il n'y a jamais eu d'hémoptysie, et si le teint est pâle, les forces un peu languissantes, l'embonpoint est conservé.

Traitement. — Bains tempérés, eau minérale en boisson, régime tonique.

Quand Mlle X... quitta Châteauneuf, la matité du côté gauche avait disparu, la respiration y était redevenue normale ; mais les signes du côté droit étaient sensiblement les mêmes. Quant à l'état général, il était meilleur, et l'appétit fort augmenté.

Revenue l'année suivante, Mlle X... présente encore à peu près les mêmes symptômes du côté droit. Toutefois, dit-elle, elle s'est sentie plus forte pendant l'année qui vient de courir, et elle a pu sans fatigue vaquer à ses travaux ordinaires. Il n'y a pas eu d'hémoptysie, les digestions sont bonnes. Même traitement : rien à noter.

Une 3e saison (1876), ramène Mlle X.... Elle paraît cette fois-ci complètement rassurée. Elle commence à croire qu'elle sera mieux partagée que son frère mort à 22 ans. Les symptômes du côté du poumon persistent néanmoins, mais l'état général continue à être très-satisfaisant. Même traitement.

Cette observation de prime abord peut paraître bien insignifiante, et pourtant à mon avis elle présente un véritable intérêt.

Voilà une jeune femme qui a perdu plusieurs de ses proches parents de la phthisie, qui elle-même en présente les principaux symptômes, et qui pourtant continue à jouir d'une bonne santé relative. Qu'en conclure? Est-elle phthisique? ou bien n'y a-t-il chez elle qu'une de ces *congestions pulmonaires chroniques* qui simulent si bien la phthisie? Je n'oserais me prononcer, mais en tenant compte de l'hérédité chez cette malade j'inclinerais à croire à la tuberculose pulmonaire.

Maintenant, quelles conclusions à tirer relativement au traitement de Châteauneuf?

Certainement cette jeune fille n'est pas guérie, mais certainement aussi son mal a été enrayé; et pendant ces deux années elle a pu vaquer à ses occupations ordinaires, vivre de la vie de tout le monde et se croire presque guérie. Si ce n'est pas un succès, c'est au moins un sérieux résultat. N'est-il pas légitime d'en attribuer une part aux eaux reconstituantes de Châteauneuf, au séjour même dans cette station, qui, abritée de toutes parts par de hautes montagnes, présente une atmosphère toujours calme, et une température presque toujours constante?

OBS. XXIV.

M. X..., 28 ans, grand, mince, un peu voûté; très-amaigri. Mobile en 1870.

Il souffre de douleurs vagues dans la poitrine, surtout en arrière, vers le milieu du dos. Il a en plus des douleurs au genou droit, et par moment la marche est absolument im-possible. Il tousse et crache beaucoup depuis son retour d'Allemagne, où il est resté prisonnier. Arrivé le 1er juillet 1874.

A l'auscultation, je trouve des signes certains de phthisie au sommet du poumon droit : craquements bien manifestes, bronchophonie, gros râles muqueux. Il semble qu'il y a même un peu de pectoriloquie dans un point de la fosse sous-épineuse, crachats caractéristiques, essoufflement, alternatives de diarrhée et de constipation, appétit conservé.

Nous sommes en présence de la deuxième période de la phthisie : le ramolissement des tubercules. Le malade a remarqué que quand il a la fièvre (ce qui lui arrive assez fréquemment le soir), son genou lui fait moins mal et cesse presque d'être douloureux.

Traitement. — A son arrivée, le malade, me paraissant avoir un peu de fièvre, je refusai, à son grand mécontentement, de commencer un traitement hydro-minéral. Nous attendîmes ainsi 5 jours, après lesquels j'ordonnai des bains tempérés et de l'eau minérale en boisson. Les bains produisirent d'abord une augmentation considérable de la douleur du genou, provoquèrent même quelques souffrances rhumatoïdes légères dans d'autres articulations. Le malade, découragé, voulut partir. Néanmoins les exemples nombreux à Châteauneuf de l'accroissement des douleurs rhumatismales pendant les premiers bains, suivis d'ordinaire par une amélioration réelle, le décidèrent à rester. Les douleurs peu à peu se calmèrent et le traitement se continua sans autre incident.

Au départ, après une saison de 26 jours, l'auscultation, je dois l'avouer, ne me révéla ni amélioration ni aggravation de symptômes pulmonaires. Tout était encore dans le même état ; seulement la fièvre, qui se montrait assez souvent le soir, était apparue moins fréquemment que de coutume.

M. X... nous quitta assez mécontent, car il souffrait encore de son genou.

L'année suivante, je ne comptais guère le revoir, quand, à mon grand étonnement, j'eus le plaisir de le voir entrer de nouveau dans mon cabinet. Il était toujours un peu maigre, mais le teint paraissait meilleur. Il y avait dans l'ensemble de la physionomie quelque chose de plus décidé, les forces paraissaient satisfaisantes.

Je l'auscultai immédiatement : le sommet du poumon droit était encore en bien mauvais état ; néanmoins la respiration se faisait mieux ; la pectoriloquie découverte en un point l'année dernière, avait disparu. La petite caverne s'était-elle cicatrisée ? c'est ce qu'il serait difficile d'affirmer, cependant tout râle caverneux avait cessé, les crachats étaient moins abondants, moins spécifiques, il n'y avait pas eu d'hémopthysie, ce qui avait beaucoup contribué à rassurer le malade.

Quant aux douleurs du genou, elles étaient moins vives, mais presque constantes. Malgré cela le malade était revenu faire une nouvelle saison, car, dit-il, il se sentait plus fort et n'avait pas craché de sang.

Même traitement, suivi cette fois encore de l'exaspération des douleurs pendant les premiers jours ; puis tout rentre dans l'ordre et le traitement se termine sans rien de spécial à noter.

Au départ, l'auscultation révèle un commencement d'amélioration réelle : la respiration est plus nette, la matité moins prononcée, les crachats moins mauvais, et les forces (j'insiste à le noter), très-satisfaisantes.

Cette observation est certainement très-intéressante, et il est probable qu'il s'agit ici d'une phthisie arthritique, ce qui expliquerait l'amélioration si rapidement obtenue, car M. Pidoux prétend que ce sont les cas les plus favorables.

On a pu remarquer que les phénomènes du côté du poumon ont paru s'amender quand le rhumatisme s'est plus spécialement fixé sur le genou. Le travail diathésique du poumon a été détourné vers un organe moins important. Il y a eu comme une sorte de dérivation salutaire. Ce jeune homme, qui n'a ni phthisiques ni rhumatisants dans sa famille, guérira-t-il ? ou finira-t-il par succomber ? n'y a-t-il là qu'une amélioration momentanée, une de ces périodes stationnaires qui sont assez dans le génie de la phthisie ? Il est assez difficile de se prononcer ; toujours est-il que le traitement hydro-minéral parait avoir donné jusqu'ici les meilleurs résultats.

A la suite de la tuberculose pulmonaire, j'aurais pu mentionner quelques autres affections des voies respiratoires comme la bronchite et la laryngite chroniques, l'angine granuleuse, dans lesquelles les eaux de Châteauneuf ont donné les résultats les plus satisfaisants, mais les observations de ces diverses maladies sont peu nombreuses et je terminerai ici la série de mes études cliniques sur cette station.

CHAPITRE XI.

Résumé.

Si maintenant nous jetons un coup d'œil d'ensemble sur la thérapeutique des eaux de Châteauneuf, nous pouvons en tirer les deux conséquences suivantes :

1º Au point de vue général : *Véritables lymphes minérales* par les sels neutres qu'elles renferment et qu'on rencontre pour la plupart dans le serum sanguin, elles conviennent dans toutes les affections où le sang y est appauvri, l'organisme débilité, la constitution affaiblie : *chloro-anémies diverses, tuberculoses pulmonaires, métrites chroniques, diarrhées chroniques, fièvres intermittentes, rebelles,* etc.

Nous parlons ici, bien entendu, d'un effet général reconstituant, et non d'une action locale spécifique, mais nous avons démontré que dans ces diverses affections le traitement général est l'indication la plus pressante et même la seule voie logique pour atteindre la lésion locale.

2º au point de vue particulier : *Toniques* en même temps que *dialytiques* (Gubler) par leurs sels alcalins et l'énorme dose de lithine qu'elles renferment, elles réussissent admirablement dans le rhumatisme et les autres dérivés de l'*arthritis.* — *Ferrugineuses et riches en acide carbonique libre et en excès,* elles donnent d'excellents résultats dans *les anémies, les chloro-anémies,* et dans *les affections des voies digestives,* notamment dans toutes *les dyspepsies atoniques.*

CHAPITRE XII.

Hygiène des baigneurs.

Alimentation. — Exercice. — Précautions relatives aux bains. — Saison thermale.

On a discuté beaucoup sur l'hygiène des baigneurs près des stations thermales. On est allé jusqu'à vouloir les soumettre tyranniquement à une sorte de tutelle, leur imposer un régime inflexible hors duquel il n'y avait point de salut. Si cette façon de procéder peut avoir quelques avantages auprès de malades timorés minutieux dont l'imagination est plus frappée des détails infimes du traitement que du traitement lui-même, je crois qu'il faut laisser cette méthode aux charlatans, dont tout le prestige consiste souvent en ordonnances interminables, en prescriptions puériles ; et je ne partage pas du tout l'avis de ce prétendu sage qui disait : *Vulgus vult decipi.* Elle est indigne du médecin. Je crois, au contraire, que tout en recommandant aux malades les préceptes d'une prudente hygiène, il faut tenir compte de leur tempérament, de leurs goûts, de leur genre de vie ordinaire, de leur instruction même, et ne jamais rien leur demander qui puisse heurter trop violemment les habitudes acquises.

Nous allons examiner très-sommairement l'hygiène du baigneur au point de vue *de l'alimentation, de l'exercice, des précautions à prendre après le bain ;* enfin, nous dirons quelques mots sur la *durée de la saison thermale.*

Alimentation. — Le traitement hydro-minéral étant par lui-même presque toujours un peu excitant, il faudra d'une façon générale éviter une alimentation trop épicée, trop stimulante. Toutefois, il n'y a pas de règles à cet égard, et chaque malade doit être un peu son propre juge dans cette question.

S'il s'agit des dyspeptiques, ils devront, les premiers jours, user de la plus grande prudence. Digérant déjà très-difficilement, et passant ainsi de leur régime ordinaire à celui de la table d'hôte, il leur faut éviter une transition trop brusque. Néanmoins, on peut leur laisser une certaine latitude en vertu de cet axiome presque toujours vrai : « Que ce qu'on aime bien se digère facilement. »

Quant aux goutteux, dont l'appétit est en général moins capricieux, il est bon qu'ils usent modérément de gibier, de viandes noires, faisandées ; que leur alimentation soit sagement mélangée de légumes et de fruits ; qu'ils soient très-sobres de vin généreux. Qu'on me permette ici de redresser une erreur dont j'ai été témoin plusieurs fois. Quelques personnes prétendent que, quand on boit des eaux alcalines, il faut s'abstenir de vin ou n'en boire que fort peu, sous prétexte que les acides du vin neutralisent les alcalins absorbés avec les eaux minérales. Rien n'est plus inexact. Si on mélange du vin à de l'eau minérale, voici ce qui se passe : la matière colorante du vin verdit sous l'influence des alcalins minéraux, tandis que la matière astringente se combine au fer ; de plus, une portion de l'acide carbonique de l'eau minérale cède sa place aux acides du vin, et il se forme ainsi des *tartrates,* des *malates,* des *acétates de soude,* de là cette coloration brunâtre que prend le vin quand il est mélangé à de l'eau minérale gazeuze.

Sans vouloir pousser plus loin cette digression chimique, je dirai simplement que les acides du vin, une fois introduits dans l'économie, ne s'y retrouvent plus à l'état d'acides, mais sont immédiatement convertis en carbonates alcalins et, par conséquent, ils ne peuvent, en quelque sorte, que corroborer l'action des eaux.

Je terminerai par la réflexion suivante : quelques baigneurs, gens de la campagne pour la plupart, s'imaginent qu'il suffit, pour faire un bon traitement, de boire beaucoup d'eau minérale et de prendre beaucoup de bains, et ils négligent absolument leur alimentation. C'est là un système déplorable. Je comprends bien qu'un certain nombre d'entre eux ne sont pas très-fortunés, mais pourtant il faut savoir se résigner à certains sacrifices nécessaires, ou alors renoncer à tout traitement sérieux.

Il n'est pas étonnant qu'un certain nombre de ces malades ne retirent (en vivant ainsi de privations); absolument aucun bénéfice de leur saison thermale, et que même ils s'en retournent en plus mauvais état qu'ils ne sont venus.

Précautions avant, pendant et après le bain. — Quand le malade se met au bain, il faut qu'il y ait au moins trois heures d'intervalle depuis son dernier repas. Bien que quelques personnes prétendent que, dans nos bains chauds, on puisse impunément se baigner après avoir mangé, je n'approuve nullement cette précipitation et la regarde comme dangereuse.

En entrant au bain, on ne doit être ni en sueur ni trop fatigué ; il n'est pas mal néanmoins de prendre un peu d'exercice avant le bain ; mais alors il faut se reposer quelques instants. Dans le bain, il faut porter un peignoir recouvrant parfaitement toutes les parties du corps ; et il est reconnu que ce n'est point purement une question de convenance. Le peignoir, suivant une remarque basée sur l'expérience, conserve autour du corps la chaleur d'une façon plus uniforme, en même temps qu'il maintient à la surface de la peau des milliers de bulles de gaz carbonique qui joue ici le rôle d'un excitant tégumentaire des plus favorables.

A la sortie du bain, il est bon de s'envelopper de flanelle et il serait très-bien d'en porter toujours, surtout pour les rhumatisants.—Quelques personnes font usage d'une sorte de pantalon à pieds en molleton. C'est là un excellent vêtement, et il peut parfaitement servir à l'un et à l'autre sexe.

On m'a demandé souvent s'il fallait toujours se coucher après le bain ; je crois qu'il est impossible de poser une règle fixe dans cette question. En général cependant, après les bains chauds, et surtout les bains prolongés, le repos du lit est nécessaire. Mais, après les bains tempérés, les bains frais et courts, il vaut mieux prendre un peu d'exercice, faire une légère promenade. Dans ces cas, la réaction se fait mieux et l'effet du bain est plus salutaire.

En dehors de l'heure des bains, les malades doivent être chaudement vêtus, mais sans excès ; et, bien que nous n'ayons pas à craindre à Châteauneuf les brusques variations de température qui caractérisent les stations à hautes altitudes, il est bon de se trouver muni de vêtements plus forts en cas de besoin.

Exercice. — Si les eaux minérales produisent au sein de notre organisme la plus heureuse modification, il ne faut pas oublier que l'exercice est un adjuvant précieux indispensable de cette action salutaire. Liebig, et après lui tous les physiologistes, ont démontré son influence sur les phénomènes intimes de la nutrition. Bref, sans entrer ici dans trop de détails de chimie organique, nous dirons qu'il favorise la circulation du sang, le libre jeu des organes, empêche les congestions partielles et régularise ce travail incessant de pertes et de recettes qui s'accomplit chaque jour au sein de nos tissus. Aussi, à mon humble avis, la gymnastique raisonnée, avec ses exercices méthodiques, progressifs, intéressant jusqu'au plus petit muscle de notre organisation, est-elle un des plus puissants moyens thérapeutiques que la médecine des maladies chroniques ait à sa disposition.

Aux eaux minérales, l'exercice consiste presque uniquement en promenades plus ou moins longues, en excursions plus ou moins lointaines, et je ne saurais trop les recommander dans la mesure du possible. Il faut, bien entendu, mesurer ses efforts aux forces dont on peut disposer et ne pas s'exposer à des fatigues subites qui obligeraient à suspendre le traitement.

Les dyspeptiques, les chloro-anémiques, tous les malades souffrant plus ou moins du système nerveux se trouveront bien de longues courses à pied. Les rhumatisants, les goutteux même qui ne sont pas trop retenus par leurs douleurs feront bien d'essayer progressivement quelques sorties.

Saison thermale. — Voilà un mot bien mal compris par un grand nombre de malades. Je ne discuterai pas sur le sens détourné qu'on lui a donné en en faisant le synonyme de *traitement.* J'arrive à ce préjugé si enraciné encore dans l'esprit du plus grand nombre : que la *cure aux eaux minérales* doit être de 21 jours, ou mieux encore, suivant d'autres, de 21 bains : à ceux-ci, quelque soit le genre de maladie, il leur faut leurs 21 bains, ni plus ni moins ; c'est un chiffre fatidique. Sans cela, tout serait manqué, et, pour arriver à leur compte, ils se précipitent, prennent des bains coup sur coup, se gorgent d'eau **minérale**.

Rien de plus funeste que de pareilles pratiques. Les eaux minérales sont de véritables médicaments, on l'a dit bien des fois avec raison, et leur administration demande tout autant de prudence et de méthode que celle des remèdes ordinaires sortis de l'officine du pharmacien.

La longueur de la cure hydro-minérale n'a pas de limites fixes. Elle doit être basée sur l'état du malade, la nature de son affection ; à celui-ci, une saison courte sera possible ; à cet autre, un long séjour à la station sera très-favorable ; et, dans cette dernière catégorie, il faut comprendre les anémiques, les tuberculeux, les dyspeptiques, les névropathiques surtout, pour lesquels il sera toujours assez tôt de retomber dans le milieu ordinaire où ils vivaient auparavant. Pour l'habitant des villes, l'air pur de la campagne est le complément si indispensable de tout traitement hydro-minéral !

Maintenant, quelle est la saison la plus favorable pour se rendre aux eaux de Châteauneuf ?

Il en est de Châteauneuf comme de toutes les stations bien abritées et situées à une faible altitude ; on peut s'y rendre dès qu'il fait beau et que les jours sont grands. Ainsi, à partir du milieu du mois de mai, on pourrait commencer la cure thermale, qui se prolongerait ainsi jusque vers le milieu du mois de septembre, d'ordinaire assez beau dans notre climat.

Si quelques rhumatisants, par exemple, se trouvent bien des hautes températures de juillet et d'août, il est une foule d'autres malades qui, destinés à prendre beaucoup d'exercice pendant leur traitement, s'accommoderaient infiniment mieux de chaleurs moins vives et pour lesquels mai, juin et septembre seraient sans doute préférables.

BUTS DE PROMENADES

Un paysagiste de renom et très-enthousiaste du site pittoresque de Châteauneuf, le surnomma un jour la **Suisse de l'Auvergne**. — Sans aller jusque-là, on peut dire néanmoins que la profondeur de ses vallées, la luxuriante végétation de ses prairies, les gracieuses sinuosités de la rivière et les rochers à pic qui la bordent en certains endroits, font de Châteauneuf un paysage charmant.

Soit qu'on y arrive par Riom ou Saint-Gervais, la route elle-même ne manque pas d'un certain cachet grandiose par ses ravins profonds, ses mille détours et les horizons variés que le voyageur voit dérouler à ses yeux.

A proximité des Établissements, le baigneur peut faire les promenades suivantes :

Au midi des Grands-Bains, *la presqu'île de Saint-Cyr,* avec les ruines de sa vieille église, d'où on domine les circuits de la rivière et découvre une partie de la vallée.

Au nord, le chemin d'*Ayat,* qui côtoie la rivière et mène au village de ce nom, coquettement enfoui dans les arbres. — On montre encore dans ce hameau les vestiges d'une maison où, suivant les gens de la localité, serait né le général Désaix.

A l'est, la route de *Blot-l'Eglise,* tracée en lacet dans les flancs d'une montagne très-escarpée. Arrivé au sommet de la côte, on voit presque sous ses pieds la presqu'île de Saint-Cyr, et le regard peut embrasser toute la longueur de la vallée jusqu'au village de Lachaux.

A proximité des établissements de la Rotonde et du Petit-Rocher, existent d'autres promenades non moins intéressantes :

La route qui mène au grand pont et qui est creusée à mi-côte dans le roc. Sur tout son parcours, on découvre le lit de la Sioule, très-large en cet endroit ; en face s'étalent de vertes et riantes prairies, et non loin de là on aperçoit les pavillons des sources Chambon et Morny. C'est peut-être un des points de vue les plus gracieux de Châteauneuf.

Plus loin, après avoir dépassé le pont, se trouve par contraste un site sauvage presque inaccessible et appelé *le Bout du monde*. De chaque côté serpentent de petits sentiers taillés dans les rochers des deux rives de la Sioule et escarpés à donner le vertige. Les paysans des environs les traversent pourtant avec une sécurité et une aisance merveilleuses.

Enfin, sur la rive droite de la Sioule, et dominant à une très-grande hauteur les Etablissements de Chambon, Morny et tout le reste de la vallée, se trouve une charmante résidence qu'on appelle le *Château,* et de laquelle on jouit d'un coup-d'œil véritablement merveilleux.

Pour ceux qui peuvent entreprendre des promenades plus lointaines, voici quelques excursions qui ne sont pas sans intérêt :

Saint-Gervais, petite ville située sur un point culminant et d'où l'on découvre la chaîne des monts Dômes. La place qui entoure l'église présente des tilleuls d'une grosseur et d'une élévation extraordinaires ; quelques-uns ont plus de trois mètres de circonférence.

Le Puy-Chalard, sur la route de Manzat, montagne volcanique que l'on peut considérer comme le premier anneau de la chaîne des monts Dômes et qui a comme eux la forme conique.

Manzat, dont la coquette église encore toute neuve recèle des boiseries très-anciennes, véritables chefs-d'œuvre qui viennent, dit-on, de la Chartreuse, abbaye aujourd'hui en ruines et située près du petit village des Ancizes. — Quelques tableaux en chêne sculpté sont d'un fini merveilleux et très-appréciés des connaisseurs.

Le lac de Tazana, appelé aussi *le Gour* ou le gouffre de Tazana. C'est un grand lac de forme circulaire, d'une superficie d'environ 80 hectares, et situé au fond d'un cratère échancré du côté du couchant. Ses eaux, d'une profondeur considérable et toujours claires, limpides comme celles d'une source, s'échappent par l'échancrure et viennent alimenter un moulin du voisinage. Ses bords présentent de la pouzzolane et des scories volcaniques en quantité.

La Chartreuse. — Ce sont les ruines d'un ancien monastère dont il ne reste plus que le mur d'enceinte, une tour à moitié démolie par le temps et quelques caveaux ou souterrains plus ou moins encombrés de détritus. — Le site, par exemple, est des plus curieux, et il est difficile d'imaginer un paysage plus saisissant, et par sa sauvagerie et par le silence religieux qui y règne de toutes parts. C'est une gorge profonde traversée par la Sioule et enfermée entre de hautes collines couronnées de sombres sapins.

Plus loin, comme contraste, se trouve un paysage moins sévère, très-pittoresque et qu'on a appelé le *Paradis de Queuil.* La Sioule y forme les plus gracieux détours au milieu d'un site des plus attrayants.

Enfin, comme excursions un peu plus lointaines, il faut mentionner les mines argentifères de Pontgibaud et le bassin houiller de Saint-Eloi et Commentry.

On a dit et imprimé plusieurs fois que les abords de Châteauneuf étaient d'un accès difficile : c'était vrai il y a quelques années, mais aujourd'hui une magnifique route départementale (n° 14) permet d'arriver jusqu'à la porte des divers Etablissements. — Soit qu'on y arrive par Riom ou Saint-Eloi, stations de chemin de fer, la route est facile, excellente. Enfin, si l'on met à exécution un certain projet de chemin de fer reliant les mines argentifères de Pontgibaud au bassin houiller de Commentry, Châteauneuf sera servi à souhait, la ligne devant passer forcément à proximité de la station. D'après l'avis des gens compétents, cette ligne serait indispensable et parfaitement indiquée : elle serait comme la continuation vers le nord et le nord-ouest de la ligne Bordeaux-Tulle ; et on éviterait ainsi le circuit très-coûteux sans doute comme transit par Clermont, Gannat, etc.

Mars 1877.

F I N

TABLE DES MATIÈRES.

www.ingramcontent.com/pod-product-compliance
Ingram Content Group UK Ltd.
Pitfield, Milton Keynes, MK11 3LW, UK
UKHW021228140726
13695UKWH00002B/827